BRAIN GAMING FOR CLEVER KIDS

Puzzles and solutions © Gareth Moore

Illustrations and layouts © Buster Books 2018

Korean translation copyright © 2021 Davinch House Co., Ltd.

Korean language edition published in arrangement with Michael O'Mara Books Limited through LENA Agency, Seoul

하루 10분
놀면서 두뇌 천재되는
브레인 스쿨
•두뇌게임편•

하루 10분
놀면서 두뇌 천재되는
브레인 스쿨
• 두뇌게임편 •

펴낸날 2021년 1월 20일 1판 1쇄

지은이 개러스 무어
옮긴이 김혜림
펴낸이 김영선
기획 양다은
책임교정 이교숙
경영지원 최은정
디자인 바이텍스트
마케팅 신용천

펴낸곳 (주)다빈치하우스-미디어숲
주소 경기도 고양시 일산서구 고양대로632번길 60, 207호
전화 (02) 323-7234
팩스 (02) 323-0253
홈페이지 www.mfbook.co.kr
이메일 dhhard@naver.com (원고투고)
출판등록번호 제 2-2767호

값 13,800원
ISBN 979-11-5874-092-4

이 도서의 국립중앙도서관 출판예정도서목록(CIP)은 서지정보유통지원시스템 홈페이지(http://seoji.nl.go.kr)와 국가자료공동목록
시스템(http://www.nl.go.kr/kolisnet)에서 이용하실 수 있습니다.(CIP제어번호: CIP2020043984)

아이의 숨은 지능 깨우는 집콕놀이북

하루 10분
놀면서 두뇌 천재되는
브레인 스쿨
• 두뇌게임편 •

개러스 무어 지음 ∣ 김혜림 옮김

미디어숲

⚙ 시작하며

여러분!

두뇌 퍼즐을 풀 준비가 되었나요? 이 책에는 여러분의 두뇌 능력을 향상시키기 위해 만든 두뇌 퍼즐 100가지가 있어요.

모든 두뇌 퍼즐은 여러분 혼자 풀 수 있지만, 책 뒷부분으로 갈수록 더 어려워지기 때문에 처음부터 차근차근 시작해서 끝까지 도전하는 게 좋아요.

모든 페이지의 맨 윗부분에는 퍼즐을 완성하는 데 시간이 얼마나 걸렸는지 기록할 수 있는 공간이 있어요. 메모하는 것을 두려워하지 마세요! 메모는 퍼즐을 풀 때 여러분의 생각을 정리하는 데 도움이 되니까요.

퍼즐을 풀기 전에 페이지마다 있는 간단한 질문을 꼭 먼저 읽으세요. 문제를 풀다가 막히면 혹시라도 놓친 것이 있을지도 모르니 질문을 다시 읽는 게 도움이 될 거예요. 그리고 연필로 문제를 푸는 것을 추천해요. 지우고 다시 풀수 있으니까요.

문제가 풀리지 않는다면 어른들에게 물어 보는 것도 괜찮아요. 답보다 중요한 것은 과정을 습득하는 것이니까요.

그래도 어렵다면 책 뒤에 있는 답을 살짝 보고 어떻게 그 답이 나온 것인지 생각해 보세요.

자, 그럼 행운을 빌게요. 즐겁게 문제를 풀어 보세요!

여러분의 뛰어난 두뇌 힘을 사용하여 아래 퍼즐에 있는 모든 흰 칸을 지나는 선을 하나 그려 보세요. 가로 직선과 세로 직선만 사용할 수 있어요. 선은 겹쳐서 지나갈 수 없고 어떤 칸도 두 번 이상 지날 수 없어요.

예시를 보세요. ⟶

1)

2)

8

 시간

길을 잘못 들르지 않고 최대한 빨리 미로에서 탈출하세요!

입구

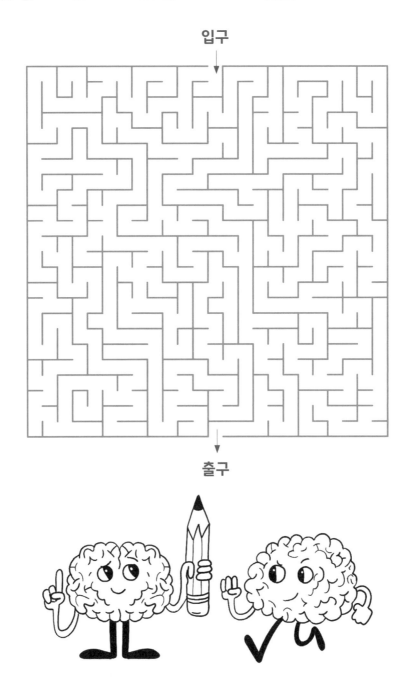

출구

9

1부터 16까지의 모든 숫자를 빈 칸에 채워, 끊어지지 않는 숫자 고리를 만들어 보세요.

⚙ 규칙

▶ 1부터 시작하여 2, 3, 4…로 이어지는 칸으로만 이동할 수 있어요.
▶ 왼쪽, 오른쪽, 위, 아래로는 이동할 수 있지만 대각선으로는 이동할 수 없어요.

예시를 보세요.
↓

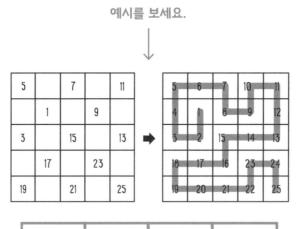

	9	8	
11			2
16			3
	14	5	

⏰ 시간 [   ]

스도쿠를 풀었던 것을 떠올리며 아래 퍼즐을 풀어 보세요. 단, 가로줄, 세로줄, 굵은 선으로 표시된 2×2 구역에는 1부터 4까지의 숫자가 들어가야 해요.

예시를 보세요.
↓

1		2	
	4		2

➡

4	2	3	1
1	3	2	4
3	4	1	2
2	1	4	3

4	1		
		4	2

11

똑똑이 친구들이 여러분이 풀어야 할 수학 문제를 들고 왔어요. 시작점에 있는 숫자에서 출발해 화살표를 따라 차례로 문제를 풀어 보세요.

예를 들어 아래 문제를 보면 15로 시작해서 3으로 나눈 다음, 그 결과에 2를 곱하고 하는 식으로 똑똑이 친구들이 있는 줄 끝에 도착해요.

줄 끝에 있는 빈 상자에 여러분이 구한 마지막 답을 써보세요.

1)

2)

시작

3)

⏰ 시간 [   ]

아래 빈칸에 0 또는 1을 넣어 가로줄과 세로줄에 있는 0과 1의 개수가 같도록 만들어야 해요. 그리고 가로줄이나 세로줄에서 같은 숫자를 두 번까지만 연속으로 쓸 수 있어요. 예를 들어, 0, 0, 1, 1, 0, 1은 쓸 수 있지만 0, 0, 1, 1, 1, 0은 쓸 수 없어요.

예시를 보세요.

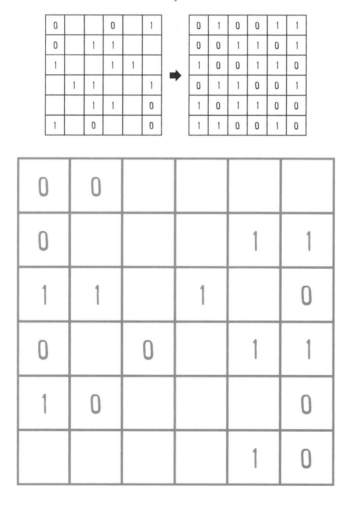

0	0				
0				1	1
1	1		1		0
0		0		1	1
1	0				0
				1	0

이 주사위 도미노 문제를 풀기 위해서는 아래 남아 있는 도미노 중에서 4개를 선택해야 해요. 도미노는 점의 개수가 같은 것끼리 서로 붙어 있어야만 해요.

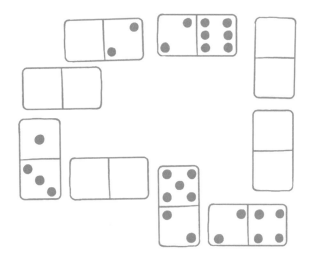

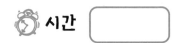

시간

누가누가 블록 문제를 잘 푸는지 한번 볼까요? 정육면체가 총 몇 개 있는지 세어 보세요. 이 직육면체는 원래 아래 그림과 같이 4×3×4 배열의 정육 면체로 이루어져 있었는데 일부 정육면체가 사라졌어요.

힌트

▶ 각 층의 정육면체의 개수를 세어 보세요. 예를 들어, 아래층에는 몇 개의 정육면체가 있나요? 그런 다음 각 층에 있는 정육면체의 개수를 합하여 합계를 구해 보세요.

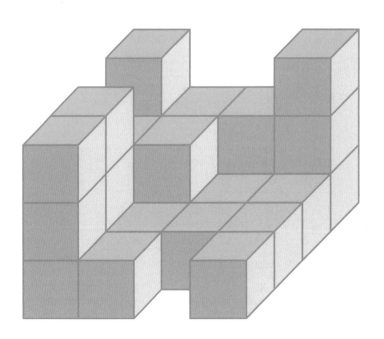

정육면체는 총 .... 개 있어요.

직선을 그어 모든 점을 이어 보세요. 가로 직선과 세로 직선만 사용할 수 있고, 선이 겹치거나 다른 선을 넘어가도록 그릴 수는 없어요. 선 일부는 여러분이 시작할 수 있도록 그려져 있네요.

예시를 보세요. ⟶

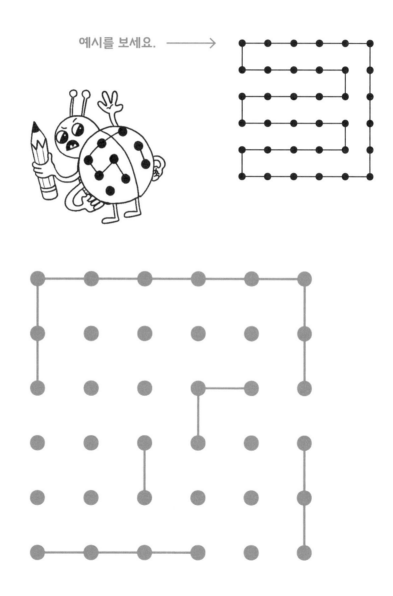

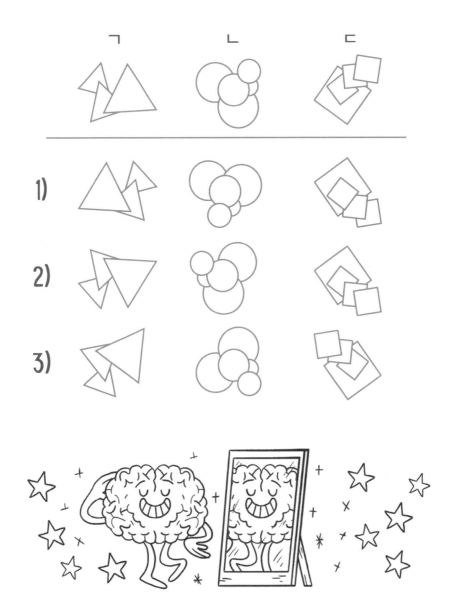

마법의 거울 문제를 풀어 볼까요? 아래의 세 가지 선택지 1, 2, 3 중에서 ㄱ, ㄴ, ㄷ을 거울로 바르게 반사한 그림을 선택하고 올바른 답에 동그라미를 그리세요.

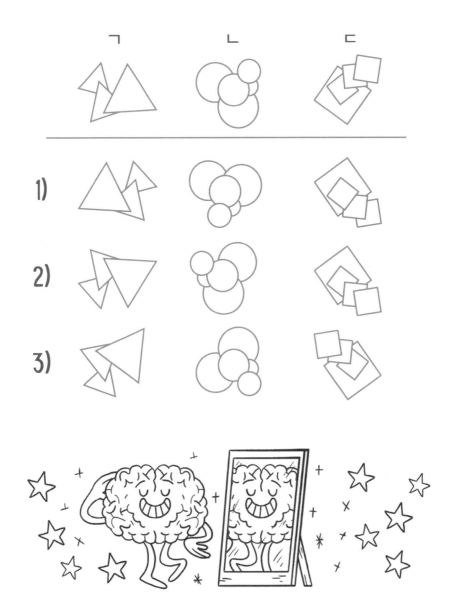

다음은 별, 동그라미, 세모 모양의 그림인데 일부분이 지워졌어요.

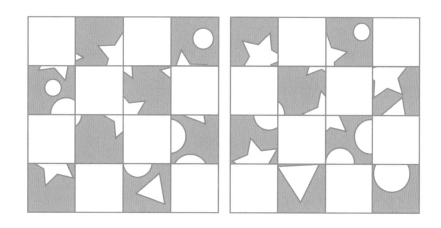

두 그림을 합쳐 하나의 그림으로 만든 뒤 다음 질문에 답해 보세요.

1) 별 모양은 모두 몇 개 있나요?

2) 동그라미 모양은 모두 몇 개 있나요?

3) 세모 모양은 모두 몇 개 있나요?

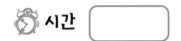

똑똑한 여러분을 위해 문제를 들고 왔어요! 다음 숫자 중 몇 개를 선택하고 더해서 아래에 있는 계산식을 완성해 보세요. 숫자는 각 식에서 한 번씩만 사용할 수 있어요. 예를 들어 45를 만들기 위해서 숫자를 '8+6+10+12+9'처럼은 사용할 수 있지만, '6+9+10+10+10'처럼은 불가능해요. 같은 숫자를 여러 번 썼기 때문이에요.

숫자

8

6

10

12

7

9

1) 14 = ...

2) 20 = ...

3) 32 = ...

4) 38 = ...

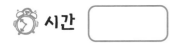 시간 ▢

다들 이리로 와 보세요! 이 큰 직사각형 안에 몇 개의 직사각형이 있을까요? 테두리를 두르고 있는 가장 큰 사각형을 포함하여 여러분이 찾을 수 있는 건 전부 찾아봐요! 사각형이 모여 또 다른 사각형을 만든다는 것을 잊지 마세요.

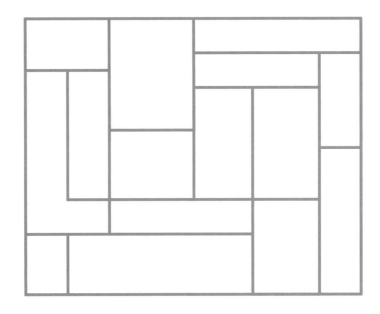

직사각형 개수: .... 개

피라미드의 빈칸에 알맞은 숫자를 채워주세요. 모든 숫자는 바로 아래에 있는 두 칸을 더한 값이에요.

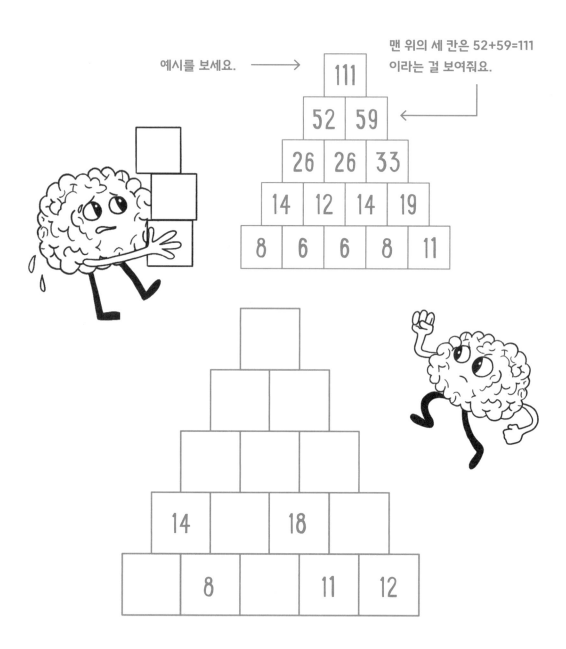

예시를 보세요. ⟶

맨 위의 세 칸은 52+59=111 이라는 걸 보여줘요.

	111			
52	59			
26	26	33		
14	12	14	19	
8	6	6	8	11

14 ⬜ 18

8 ⬜ 11 12

22

시간

아래의 알파벳 그물 어딘가에 'CLEVER(영리한)'란 단어가 숨어 있어요.
여러분의 두뇌 힘을 사용하여 단어를 한번 찾아보세요! 'C'자에서 시작하여
단어의 모든 철자가 나올 때까지 문자를 연결해 보는 거예요. 이어진 선을
따라서만 지나갈 수 있고 같은 문자를 또 사용할 수는 없어요.

예시를 보세요. ──→

16

여러분은 알파벳 순서를 모두 알고 있나요? 제시된 단어를 알파벳순으로 배열해 보세요. 그리고 시간을 재, 퍼즐1과 퍼즐2에서 얼마나 차이가 나는지 확인하세요. 다 배열하고 나서 시간을 확인하면 놀랄지도 몰라요. 자, 그럼 알파벳을 배열해 보세요!

퍼즐1

Sausage 소시지 **Burger** 햄버거 **Ketchup** 케첩
Bun 빵 **Salt** 소금 **Vinegar** 식초

....

....

....

....

....

....

퍼즐 2

Three 셋 **Six** 여섯 **Two** 둘 **Five** 다섯 **Four** 넷 **One** 하나

....

....

....

....

....

....

어떤가요? 퍼즐2의 단어는 더 짧고 쉽지만 퍼즐1보다 더 느리게 풀었다는 사실을 발견했나요? 만약 그렇지 않았다면 정말 대단한 일이에요. 축하해요! 하지만 대부분의 친구들은 퍼즐2를 풀 때 약간 더 느릴 수 있어요. 그 이유는 '하나, 둘, 셋, 넷, 다섯, 여섯'이라는 순서에 집중하느라 알파벳 순서를 파악하는 것이 어렵기 때문이에요.

여기 주사위가 있어요.

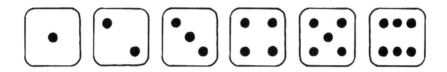

그런데 아래 주사위의 점이 부분부분 지워져 있네요. 주사위를 잘 보고 다음 질문에 답해 보세요.

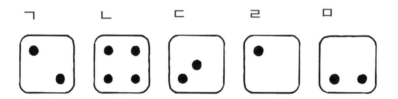

1) 어떤 주사위가 6이 될 수 있나요?

....

2) 어떤 주사위가 3이 될 수 있나요?

....

3) 이 다섯 개의 주사위들로 나올 수 있는 합계 중 가장 작은 수는 얼마인가요?

....

4) 이 다섯 개의 주사위들로 나올 수 있는 합계 중 가장 큰 수는 얼마인가요?

....

여러분이 그림을 얼마나 잘 기억하는지 볼까요? 아래 그림을 보고, 최대한 많이 기억할 수 있도록 해 보세요. 준비가 되면 다음 장으로 넘겨, 어떤 물건이 없어졌는지 찾아보세요.

없어진 물건

....

....

....

....

1부터 5까지의 숫자를 빈칸에 넣어 모든 숫자가 가로줄과 세로줄에 한 번씩만 나타나도록 해 보세요. 같은 숫자는 대각선으로 붙어있을 수 없어요.

예시를 보세요.
↓

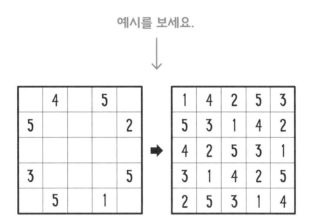

		4		5	

	2	3	4	
	4		1	
	1	2	3	

맨 아래 빈칸에는 어떤 그림이 와야 할까요? 규칙을 찾아 마지막에 와야 하는 그림을 그려 보세요.

1)

2)

3)

 **시간**

지뢰가 어디에 숨겨져 있는지 알아내 볼까요?

⚙ **규칙**

▶ 빈칸에는 지뢰가 있을 수 있지만 번호가 적힌 칸에는 지뢰가 없어요.
▶ 네모 칸 안에 적힌 숫자는 대각선을 포함하여 맞닿아 있는 칸에 지뢰가 몇 개가 있는지 알려줘요.

예시를 보세요. ⟶

	1	0
		1
	3	

➡

	1	0
☼		1
☼	3	☼

1		2	
	2	3	
3			1
	2	1	

다트 판의 동그라미에서 숫자를 하나씩 선택해 아래의 합계를 만들어 보세요. 예를 들어 가장 안쪽 동그라미에서 6, 중간 동그라미에서 2, 가장 바깥쪽 동그라미에서 4를 선택하여 모두 더하면 12를 만들 수 있어요.

합계:

14 = ...

28 = ...

32 = ...

3   8
12   7
11 6
5 9
2   10
4   13

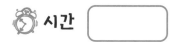

여러분은 이 복잡한 미로를 얼마나 빨리 탈출할 수 있나요?
시간이 얼마나 걸리는지 확인해 보세요!

입구

출구

이 퍼즐은 네모 칸 안에 숨어있는 배를 찾는 거예요. 전투함의 길이는 다양하고, 길이가 같은 전투함이 여러 척 있어요. 여러분의 임무는 가로줄과 세로줄에 적힌 숫자를 보고 전투함의 위치를 찾아내는 것이랍니다!

규칙

▶ 위쪽과 왼쪽에 적힌 숫자는 각 가로줄과 세로줄에 전투함 조각이 몇 개가 있는지 나타내요.
▶ 전투함은 항상 가로나 세로로 놓여 있어요.
▶ 전투함은 대각선 방향을 포함해 어떤 방향으로도 서로 만나지 않아요.

예시를 보세요.

크루저 1개
구축함 2개
잠수함 2개

크루저 1개
구축함 2개
잠수함 2개

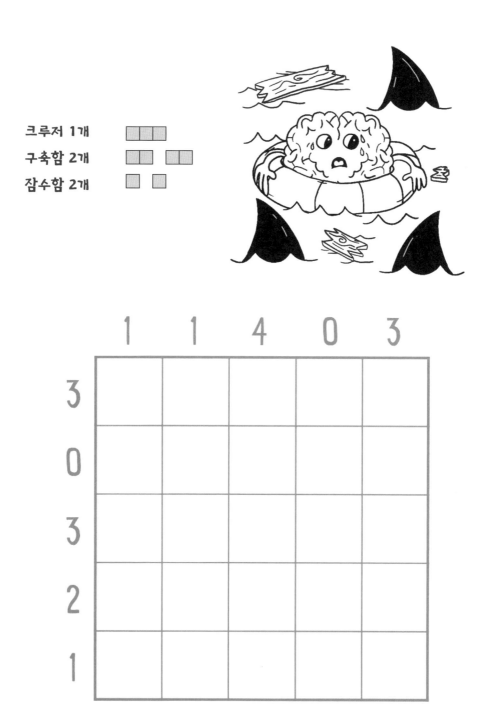

이 퍼즐은 가로줄과 세로줄에 1부터 4까지의 숫자를 배열하여 풀 수 있어요. 여러분은 반드시 부등식 '〈'와 '〉' 기호를 따라 숫자를 넣어야 해요. 이 기호는 큰 숫자와 작은 숫자 사이의 관계를 나타내요. 예를 들어, '2', '3', '4'는 항상 '1'보다 크므로 '2〉1', '3〉1', '4〉1'라고 표현할 수 있어요. 하지만 '1'은 '2'보다 크지 않기 때문에 '1〉2'는 틀린 답이에요.

예시를 보세요. ⟶

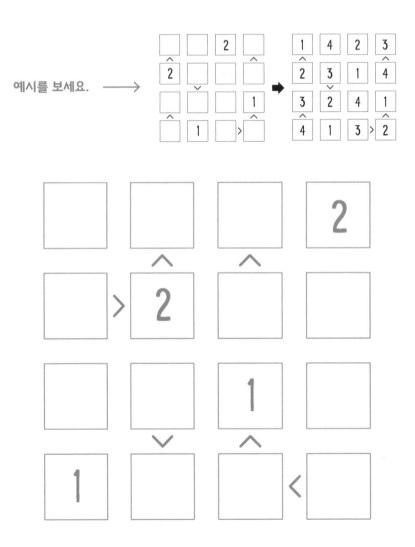

 시간 [   ]

아래 글자를 조합해 스포츠 이름을 완성해 보세요. 예를 들어, '테+니+스'
를 조합해 테니스라는 단어를 만들 수 있어요.

권	영	턴
골	드	배
구	야	민

....

....

....

37

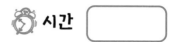

다음 두 그림에서 다른 부분 10곳을 찾아보세요.

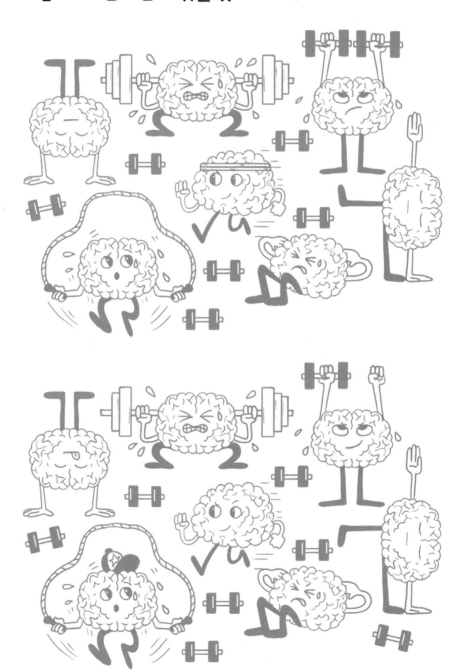

 시간 [   ]

수학 규칙에 따라 마지막에 어떤 숫자가 올 수 있을지 알아내 보세요.

1) 11   14   17   20   23   26   ....

2) 51   46   41   36   31   26   ....

3) 2   4   8   16   32   64   ....

4) 91   81   72   64   57   51   ....

5) 17   19   23   29   31   37   ....

⏰ 시간 [ ]

퍼즐 칸에서 다음 숫자들을 찾아보세요. 숫자는 위, 아래, 대각선 방향으로
적혀 있어요.

0	1	2	8	9	3	7	2	5
3	7	3	2	7	3	1	7	1
0	6	7	8	4	5	8	8	6
2	5	4	3	1	2	9	5	1
1	0	1	4	6	8	2	1	4
4	5	4	7	3	8	6	6	9
5	3	1	6	2	4	5	7	5
8	5	9	3	4	3	1	8	8
1	2	8	4	9	7	4	3	6
7	9	2	2	1	3	0	9	9

1468	8541
8937	2297
7650	4763
2875	9685
3099	1164

 시간 [   ]

아래 규칙을 잘 읽고 같은 도형끼리 연결해 보세요.

⚙ **규칙**

▶ 선은 서로 만나거나 다른 선 위로 지나갈 수 없어요.
▶ 각 네모 칸에는 하나의 선만 그릴 수 있어요.
▶ 가로 직선과 세로 직선만 그릴 수 있고 대각선을 그릴 수는 없어요.

예시를 보세요. ⟶

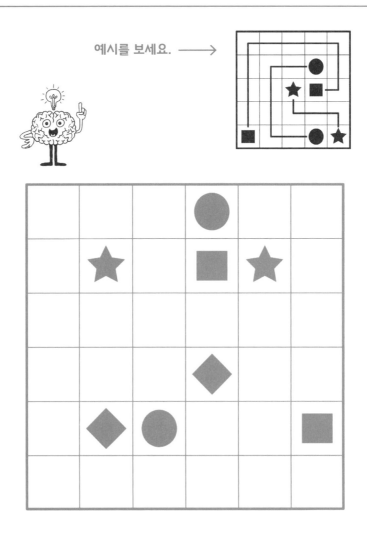

31

🕐 시간 [　　　　　]

셜록 탐정처럼 생긴 친구를 아래 그림에서 찾아볼까요? 그림이 다 똑같이 생긴 것 같아 보이지만 딱 한 그림만 같은 그림이랍니다. 아래 그림에서 똑같은 것에 동그라미를 그려 보세요.

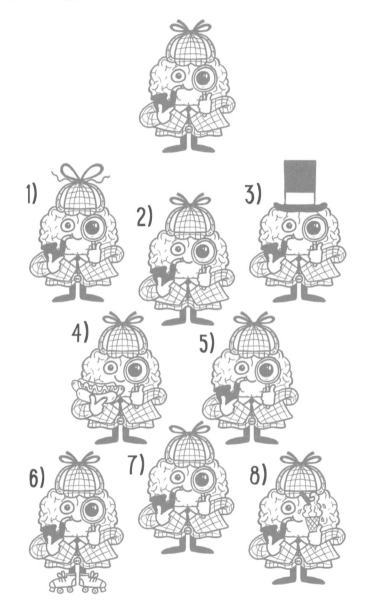

42

 시간 [　　　　]

1에서 4까지의 숫자를 가로줄, 세로줄, 굵은 선으로 표시된 2×2 사각형 안에 넣어 다음 스도쿠 퍼즐을 풀어 보세요. 네모 칸 밖에 적혀 있는 숫자는 해당 가로줄 또는 세로줄에 있는 숫자 중 가장 가까운 숫자 2개를 더한 값이에요.

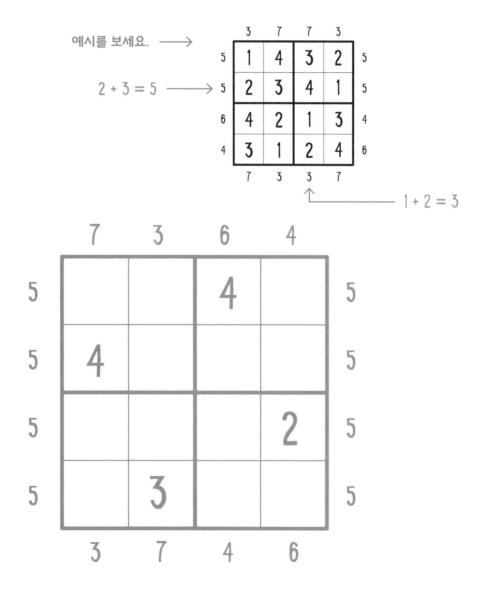

43

뭔가 잘못되었어요! 다음 계산식에서 자릿수 하나를 지워 올바른 값이 되도록 만들어 보세요.

예를 들어, 12+3=4에서 '2'를 지우면 올바른 식인 '1+3=4'가 될 거예요.

1) 5 × 12 + 9 = 14 ....

2) 10 + 20 + 30 + 40 = 90 ....

3) 23 + 34 + 45 = 82 ....

4) 91 + 19 + 28 + 82 = 200 ....

🕐 시간 ⬜

아래의 그림이 모두 똑같아 보이나요? 하지만 자세히 살펴보면 서로 다른 네 쌍의 그림이 있다는 걸 알 수 있답니다. 같은 쌍 네 개를 찾아 선으로 이어 보세요.

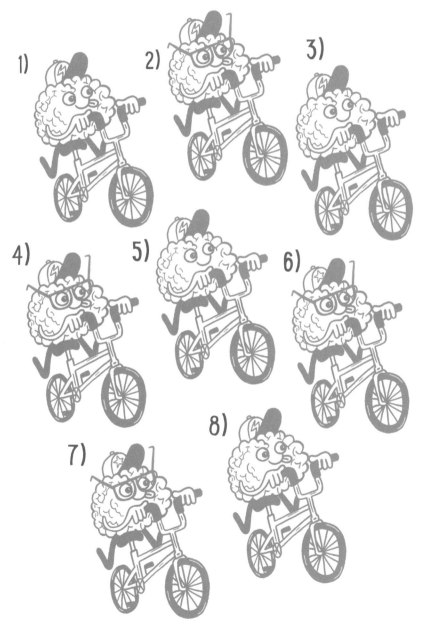

35

⏰ 시간 [　　　　　]

스도쿠 퍼즐을 풀어 볼 시간이에요! 가로줄, 세로줄, 굵은 선으로 표시된
3×3 사각형 안에 1부터 9까지의 숫자가 중복되지 않도록 써보세요.

1	6					8		
		4		5	1	3		9
9				6			1	5
				3	2	9		
	3						4	
		8	7	4				
3	2			8				1
6		7	2	1		4		
		1					3	2

맨 아래에 있는 8개의 주사위 도미노를 빈칸에 넣어 도미노 퍼즐을 완성하세요.

규칙

▶ 주사위 도미노는 같은 수끼리 만나야 해요.
▶ 도미노는 한 번씩만 사용할 수 있어요.

⏰ 시간 [   ]

아래의 스도쿠 퍼즐을 풀어 보세요. 모든 가로줄, 세로줄, 굵은 선으로 표시된 곳에는 1부터 4까지의 숫자를 한 번씩만 사용해야 해요.

1)

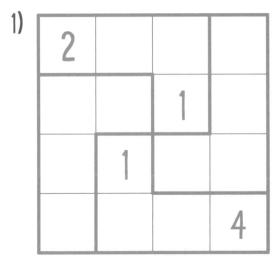

2)

 시간

열심히 머리를 굴려 이 문제를 풀어 보세요! 점선을 따라 선을 그어 다음 그림을 똑같은 모양의 네 조각으로 나누는 거예요. 이 네 조각을 같은 방향으로 회전하였을 때 서로 똑같은 모양이 돼요. 하지만 뒤집을 수는 없다는 걸 기억하세요.

예시를 보세요. ⟶

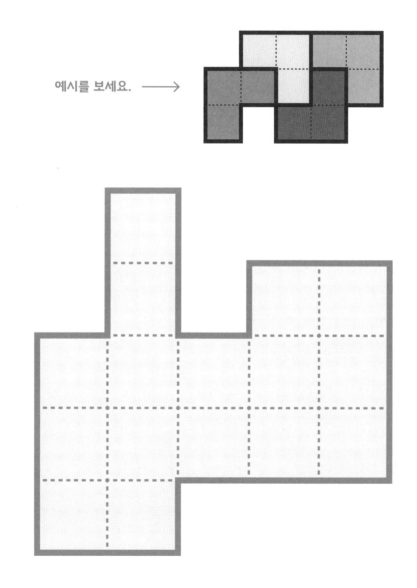

시간 [   ]

퍼즐 바깥에 적힌 숫자만큼 다음 빈칸을 색칠해 보세요. 퍼즐의 오른쪽과 아래에 있는 숫자는 그 숫자가 적힌 가로줄 또는 세로줄에 색칠된 칸의 개수를 의미해요. 예를 들어, '2, 2'는 색칠된 칸 2개가 서로 맞닿아 있고, 그 뒤에 적어도 한 개 이상의 빈칸이 있으며, 그다음 색칠된 칸 2개가 있다는 뜻이에요.

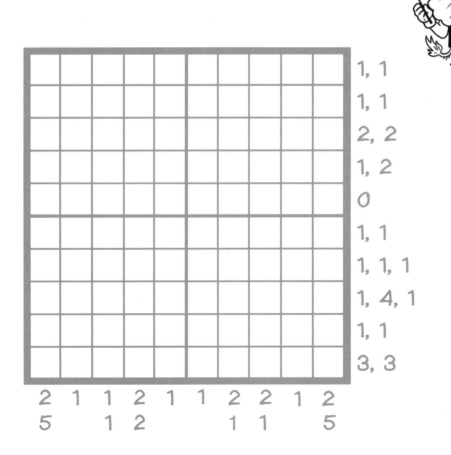

 시간

들판에 나무 네 그루, 양 네 마리, 건초 네 더미가 있어요. 들판에 일직선 세 개를 그어 네 공간으로 나누고, 각 공간에 양 1마리, 건초 1개, 나무 1그루 가 있도록 만들 수 있나요?

⏰ 시간

이 문제는 뒤집어서 생각해 보면 풀 수 있어요! 그림 ㄱ, ㄴ, ㄷ을 올바르게 회전한 것을 1), 2), 3) 중에서 골라 보세요. 화살표는 회전 방향을 나타내요. 여러분이 생각하는 답에 동그라미를 그려 보세요.

시계 방향으로 90도 회전	180도 회전	시계 반대 방향으로 90도 회전
ㄱ	ㄴ	ㄷ

1)

2)

3)

 시간

빈칸에 1부터 6까지의 숫자를 적어 스도쿠 퍼즐을 완성하세요. 단, 가로줄, 세로줄, 굵은 줄로 표시된 3×2 사각형 안에는 같은 숫자를 한 번씩만 쓸 수 있어요.

예시를 보세요. ⟶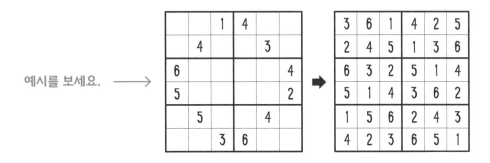

2					3
		6	4		
	3			5	
	2			3	
		3	2		
1					5

이 문제를 풀면서 여러분의 기억력을 높여 보세요! 단어의 첫 글자를 따서 단어를 새롭게 만들면 더 오래 기억할 수 있어요. 여러분이 사야 하는 것들이 여기 적혀 있네요.

행주
복숭아
한지
우엉
리본
집게

모든 단어의 첫 번째 글자를 따면 '행복한 우리 집'이 돼요. 이제 사야 할 것들을 다시 읽고 단어가 보이지 않도록 덮은 후, 아래 6가지를 모두 적을 수 있는지 확인해 보세요.

행
복
한
우
리
집

 시간

아래의 직육면체는 5×4×4 배열로 이루어져 있어요. 한번 문제를 풀어 볼까요?

🎯 **힌트**

▶ 직육면체의 각 층에 있는 정육면체의 개수를 세어 보세요. 예를 들어, 아래층에는 정육면체가 몇 개 있는지 세어 보고, 그런 다음 각 층에 있는 정육면체의 개수를 모두 더하여 합계를 구해 보세요.

다음 그림과 같이 직육면체의 일부가 사라져 버렸어요! 남은 정육면체의 개수를 세어 보고 없어진 부분이 얼마나 되는지 알아낼 수 있나요? 정육면체 중 어느 것도 떠다니는 것은 없기 때문에 만약 여러분이 가장 위층의 정육면체를 본다면 그 밑에 있는 정육면체들도 모두 그 자리에 그대로 있다는 것을 알 수 있어요. 답을 찾으면 아래 빈 공간에 적어 보세요!

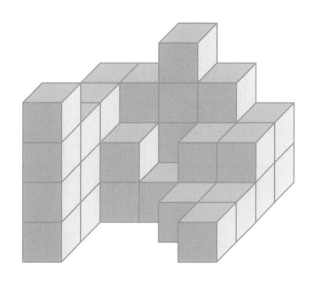

모두 .... 개의 정육면체가 있어요.

55

45

흰 네모 칸 안에 1부터 9까지의 숫자를 적어 오른쪽 페이지의 퍼즐을 풀어
보세요.

예시를 보세요.

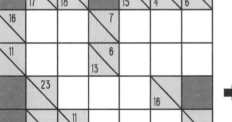

3 10
3
4 3
4 4
21
10
12 3
13
3
11 11
3

알파벳 퍼즐을 풀어 볼까요? 오른쪽 페이지의 바둑판무늬 네모 칸 안에 알파벳 A, B, C를 넣어 보세요.

네모 칸 밖에 적힌 글자는 가로줄과 세로줄에 글자를 넣을 때 가장 가까이에 있는 알파벳이 뭔지 알려줘요.

규칙

▶ 모든 가로줄과 세로줄에는 빈칸이 하나씩 있어요.
▶ 모든 가로줄과 세로줄에는 중복되지 않도록 글자를 한 번씩만 쓸 수 있어요.

예시를 보세요.

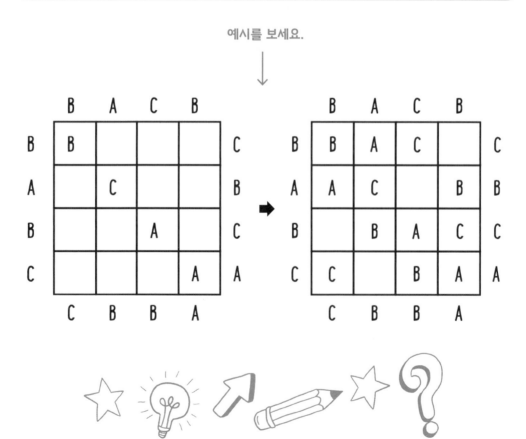

```
          B     A     B
      ┌─────┬─────┬─────┬─────┐
      │     │     │     │     │  C
      ├─────┼─────┼─────┼─────┤
  A   │     │  C  │     │     │  B
      ├─────┼─────┼─────┼─────┤
  C   │     │     │  A  │     │
      ├─────┼─────┼─────┼─────┤
      │     │     │     │     │  A
      └─────┴─────┴─────┴─────┘
          C     B     C     A
```

아래의 퍼즐을 풀어 보세요. 오른쪽 페이지에 있는 바둑판무늬 네모 칸을 색칠하다 보면 숨겨진 그림이 나타나요!

예시를 보세요.

예를 들어, 이렇게 색칠된 칸이 1개 있고
그다음 빈칸이 하나 이상 있고,
다시 색칠된 칸이 2개 있어요.

이 줄에는 색칠된
칸이 1개만
있어야 해요.

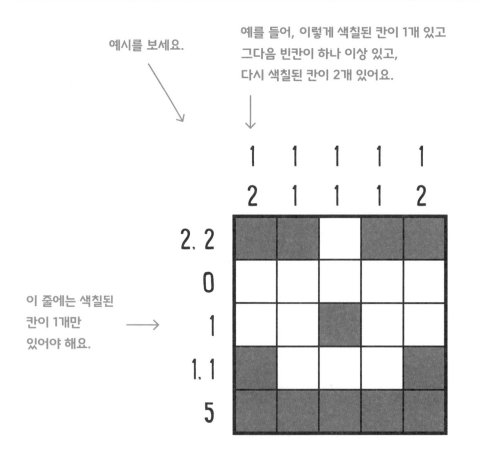

60

48

오른쪽 페이지에 있는 퍼즐을 풀기 위해서는 1에서 3까지의 숫자를 가로줄과 세로줄에 한 번씩 적어야 해요. 굵은 선으로 표시된 부분 안에서, 여러분이 적은 숫자를 모두 더한 값이 왼쪽 맨 위에 적혀 있는 숫자와 같도록 말이에요!

예시를 보세요.

숫자 1, 2, 3은 가로줄과 세로줄에 한 번씩만 넣을 수 있어요.

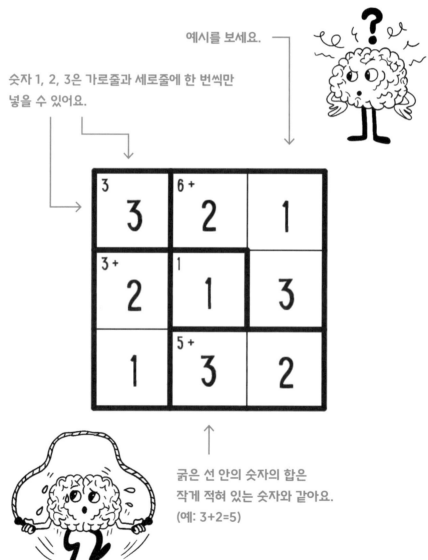

굵은 선 안의 숫자의 합은
작게 적혀 있는 숫자와 같아요.
(예: 3+2=5)

1	5 +	
5 +		3 +
4 +		

49

⏰ 시간

퍼즐 조각을 올바르게 맞춰 보세요. 무슨 그림이 나올까요?

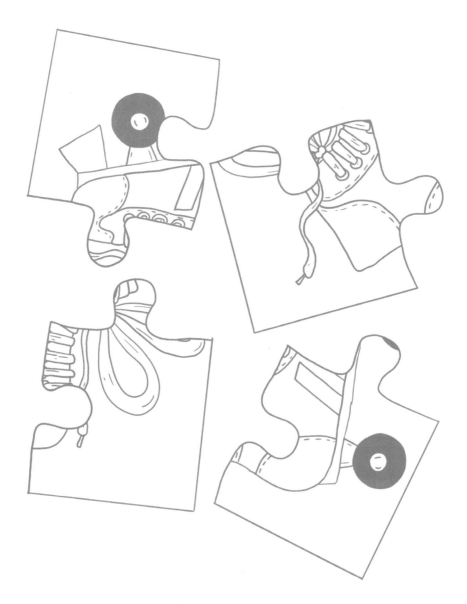

정답 : ....

⏰ 시간 [   ]

아비가일, 브렌트, 찰리는 모두 생일이 같아요. 가장 최근의 생일에 아비가일은 다음과 같은 관찰을 했어요.

> ▶ 나와 찰리의 나이를 더하면 브렌트의 나이가 돼요.
> ▶ 1년 후면 찰리의 나이가 지금 브렌트 나이의 반만큼이 될 거예요.
> ▶ 1년 전 나의 나이는 지금 브렌트 나이의 반만큼이었어요.
> ▶ 우리 셋의 나이의 총합은 24살이에요.

여러분은 이 친구들이 몇 살인지 알아낼 수 있나요?

아비가일은 .... 살이에요.

브렌트는 .... 살이에요.

찰리는 .... 살이에요.

메모하지 않고 다음 문제를 풀어 볼까요?

시작점에서부터 화살표를 따라 마지막 빈칸에 도착할 때까지 계산을 해 보세요. 그리고 빈칸에 답을 적으세요!

예를 들어, 첫 번째 문제는 21로 시작하여 3으로 나눈 다음 그 결과에 7을 곱해요. 계산은 마지막 칸에 도착하면 끝나요.

2)

시작

3) 시작

⏱ 시간 [　　　　]

아래 숫자판의 점선을 따라 그려 도미노 조각을 만들어 보세요. 모두 완성한 후에는 남는 공간이 없을 거예요.

숫자를 조합하여 만들어진 도미노는 아래 힌트 오른쪽에 그려진 숫자 조각 판에 'X'로 표시해 두세요. 숫자판에 그려져 있는 도미노 조각은 아래와 같이 이미 'X'자로 표시되어 있어요.

⚙ **힌트**

▶ 도미노 조각은 네모 칸 두 개로 이루어져 있어요. 숫자 판은 도미노 조각으로 빈 공간 없이 모두 채워지기 때문에 여러분은 이미 그려져 있는 일부 조각들을 보고 문제를 풀 수 있어요.

	0	1	2	3	4	5	6	
			X					0
							X	1
								2
						X		3
					X			4
								5
								6

5	0	6	1	2	5	4	0
1	2	3	1	1	3	3	5
2	2	6	6	2	3	6	4
4	0	0	4	4	6	5	1
3	6	0	6	0	2	5	5
4	1	3	5	2	4	6	0
2	1	0	4	3	1	3	5

흰 네모 칸을 모두 지나도록 줄을 그어 보세요. 가로선과 세로선만 사용할 수 있어요. 선은 겹쳐서 지나갈 수 없고 어떤 네모 칸도 두 번 이상 통과할 수 없어요.

예시를 보세요.

69

54

가로 또는 세로로 줄을 그어 흰 동그라미와 색칠된 동그라미를 연결해 보세요.

⚙ **규칙**

▶ 선은 서로 만나거나 동그라미를 넘어갈 수 없어요.

▶ 모든 동그라미는 반드시 한 쌍으로 이루어져야 해요.

예시를 보세요. →

1)

2)

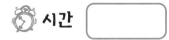

시간 ［　　　　　　　］

같은 모양을 이어 퍼즐을 완성하세요.

규칙

▶ 선은 서로 만날 수 없어요.
▶ 네모 칸 안에는 한 선만 지날 수 있어요.
▶ 선은 가로와 세로로 그릴 수 있고, 대각선을 사용할 수는 없어요.

1)

2)

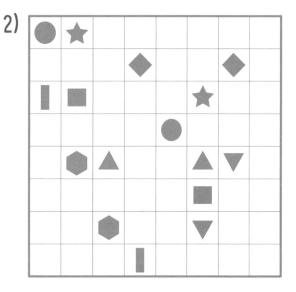

71

눈을 떠보니 여러분은 온통 뾰족뾰족 각이 진 곳에 있어요. 빨리 이 미로를 통과하세요!

입구

출구

시간

'X'자 모양의 스도쿠 퍼즐을 풀어 보세요. 아래 사각형의 가로줄, 세로줄, 대각선으로 표시된 부분, 굵은 선으로 표시 된 3×2 영역에 1부터 6까지의 모든 숫자를 중복되지 않도록 적어 보세요.

예시를 보세요.
↓

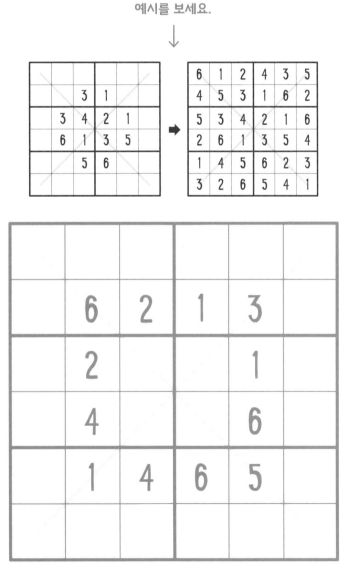

🕐 시간

선을 그려 모든 점을 이어 보세요. 가로선, 세로선만 그릴 수 있고, 선끼리는 서로 닿거나 다른 선을 넘을 수 없어요. 선 몇 개는 이미 여러분을 위해 그려 져 있네요!

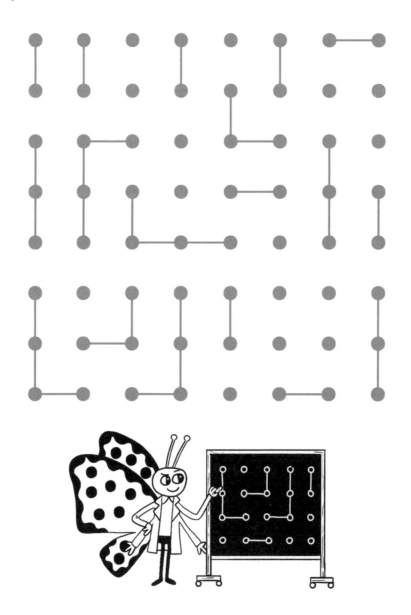

⏰ 시간 [ ]

가로줄과 세로줄에 있는 '0'과 '1'의 개수가 같도록 숫자를 넣어 빈칸을 완성해 보세요. 같은 숫자가 연속으로 세 개 이상 올 수는 없어요. 예를 들어, '0, 0, 1, 1, 0, 1'과 같이 배열할 수는 있지만 '0, 0, 1, 1, 1, 0'은 안 돼요.

0			0		1
0		1	1		
1			1	1	
	1	1			1
		1	1		0
1		0			0

⏰ 시간 _____

아래의 네모 칸에서 흰색 부분을 나누어 모양이 서로 다른 다음 다섯 개의 도형이 들어갈 수 있도록 해 보세요.

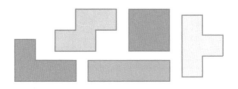

도형 5개를 모두 사용하지 않을 수도 있고, 도형 하나를 여러 번 사용할 수도 있어요. 아래 사각형에 흰색 부분이 남지 않도록 해 보세요.

⚙ 규칙

▶ 이미 색칠된 칸은 쓸 수 없어요.
▶ 같은 모양의 도형 두 개는 대각선으로만 만날 수 있어요.

예시를 보세요. ⟶

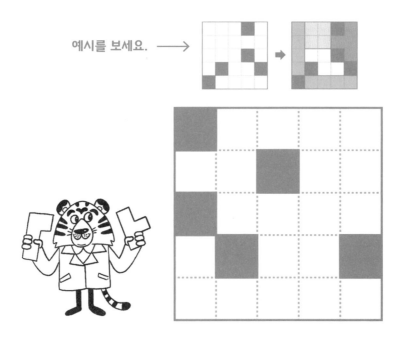

 시간 ☐

1부터 6까지의 숫자를 한 번씩만 사용하여 각 가로줄과 세로줄에 넣어 보세요. 같은 숫자끼리 대각선 방향으로 만날 수 없어요.

예시를 보세요.
↓

		2	3		
	4			5	
1					6
5					4
	1			6	
		6	1		

➡

6	5	2	3	4	1
3	4	1	6	5	2
1	2	5	4	3	6
5	6	3	2	1	4
2	1	4	5	6	3
4	3	6	1	2	5

1					5
		1	5		
	3			6	
	2			4	
		6	3		
3					6

77

시간

빈칸에 어떤 숫자가 오면 좋을까요? 아래 숫자 퍼즐을 완성해 보세요!

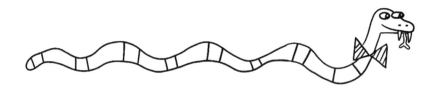

	−	2	+	6	=	
×		+		−		×
3	+		−	5	=	4
−		−		+		÷
	−		×	3	=	6
=		=		=		=
8	×	3	÷	4	=	

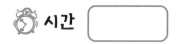 시간

피라미드 빈칸에 알맞은 수를 채워주세요. 모든 숫자는 바로 아래에 있는
두 칸에 적힌 숫자의 합과 같아야 해요.

예시를 보세요. ⟶

		451		
	226	225		
118	108	117		
63	55	53	64	
32	31	24	29	35
15	17	14	10	19	16

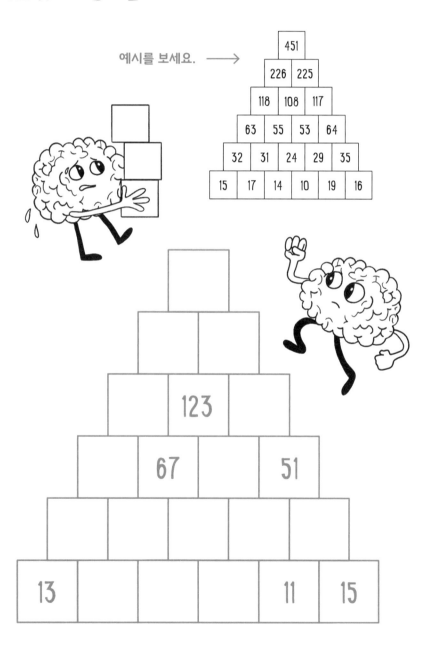

123

67 · 51

13 · · 11 · 15

아래 퍼즐 속에 숨어 있는 전투함을 찾아보세요. 전투함의 길이는 다양하고 길이가 같은 전투함이 여러 척 있어요. 여러분의 임무는 가로줄과 세로줄에 적힌 숫자를 보고 전투함의 위치를 찾아내는 것이랍니다!

규칙

▶ 가로줄과 세로줄에 적혀 있는 번호는 숨어 있는 전투함 조각의 개수를 의미해요.
▶ 전투함은 대각선으로 놓을 수 없어요.
▶ 전투함은 대각선 방향을 포함해 어떤 방향으로도 서로 만나지 않아요.

다음의 예시를 보고 어떻게 문제를 풀 수 있는지 알아봐요.

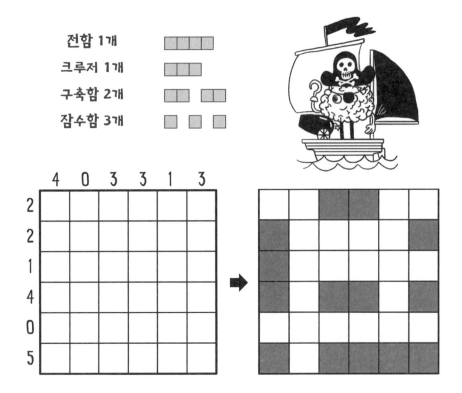

항공모함 1개
전함 1개
크루저 1개
구축함 2개
잠수함 3개

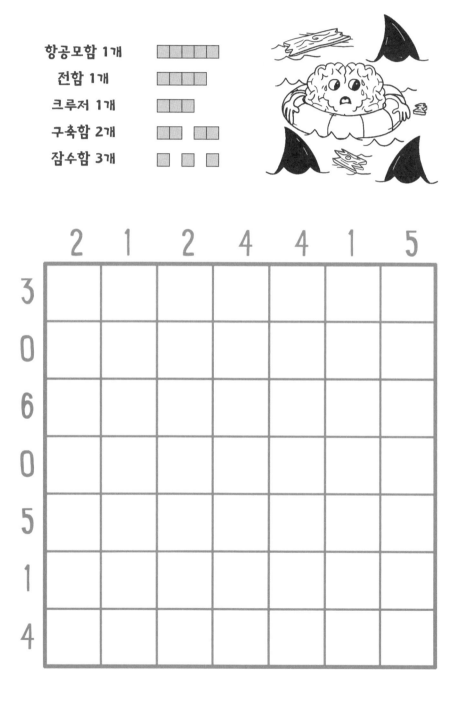

81

65

아래의 동그라미 섬에는 번호가 적혀 있어요. 이 섬들 사이에 선으로 다리를
만들어 오른쪽 페이지의 퍼즐을 완성해 보세요.

규칙

▶ 가로선 또는 세로선만 사용하여 섬을 이을 수 있어요. 모든 섬은 섬 안에 적힌 숫자와 같
  은 수만큼의 다리를 연결해야 해요.
▶ 다리는 다른 다리 혹은 섬을 넘어갈 수 없어요.
▶ 선 하나는 다리 하나를 나타내요. 섬과 섬이 직접 연결되는 다리는 반드시 하나여야 해요.
▶ 여러분이 그린 다리를 이용해 누군가가 한 섬에서 다른 섬으로 걸어갈 수 있도록 다리
  를 놓아야 해요.

예시를 보세요.

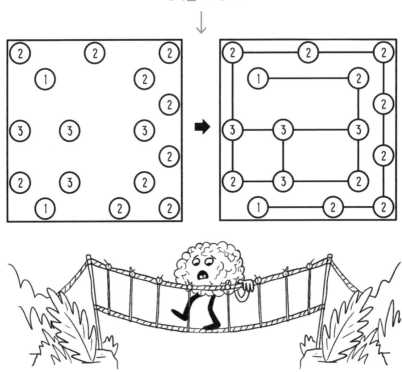

아래 빈칸을 색칠된 동그라미와 색칠되지 않은 동그라미로 채워 보세요. 그러면 한 동그라미에서 같은 색의 다른 동그라미까지 왼쪽, 오른쪽, 위, 아래로 움직일 수 있어요.

규칙

▶ 같은 색으로 이루어진 2×2 혹은 이보다 더 큰 영역의 동그라미는 올 수 없어요.
▶ 색이 있는 동그라미 사이를 대각선으로 지나갈 수 없어요.

예시를 보세요.
↓

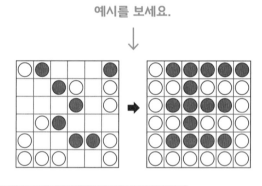

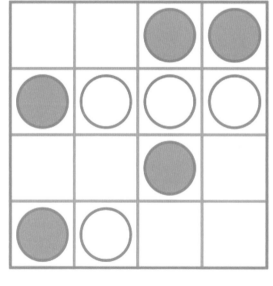

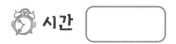

숫자가 적힌 벽돌 퍼즐을 풀어 볼까요? 가로줄과 세로줄에 1부터 5까지의
숫자를 중복되지 않도록 한 번씩만 써보세요. 모든 2×1의 벽돌에는 홀수와
짝수가 하나씩 있어야 해요.

예시를 보세요.

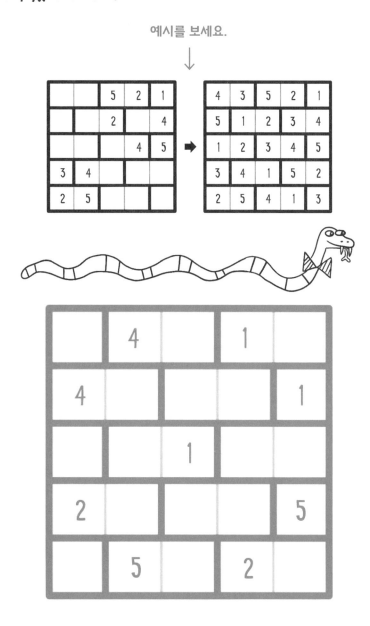

이번에는 암산 문제예요. 다음 숫자들 중 일부를 더해서 아래의 합계를 만들 수 있나요? 숫자는 한 번씩만 사용할 수 있어요.

숫자

11

15

4

9

17

13

18

아래에 여러분이 생각하는 답을 적어 보세요.

1) 20 = ...

2) 40 = ...

3) 60 = ...

4) 68 = ...

다들 이리로 모여 보세요! 큰 직사각형 안에 있는 직사각형은 모두 몇 개일까요? 가장 큰 직사각형을 포함해서 모두 몇 개가 있는지 찾아보세요.

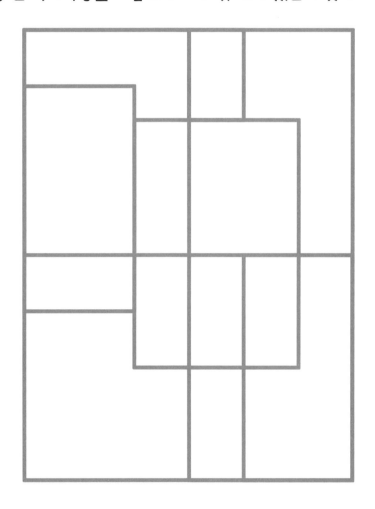

직사각형 개수: .... 개

70

스도쿠 시간이 돌아왔어요! 모든 가로줄, 세로줄, 굵은 선으로 표시된 영역에 1부터 6까지의 숫자를 써넣어 스도쿠 퍼즐을 풀어 보세요. 짝수는 색칠된 칸에, 홀수는 색칠되지 않은 칸에 써야 해요.

예시를 보세요.
↓

3			2
1			4

➡

3	4	1	2
2	1	4	3
4	3	2	1
1	2	3	4

	4			1	
2					4
3					1
	2			5	

 시간 [   ]

아래 다트 판의 동그라미에서 숫자를 하나씩 선택해 아래의 합계를 만들어 보세요. 예를 들어, 가장 안쪽 동그라미에서 숫자 8, 중간 동그라미에서 숫자 10, 그리고 가장 바깥쪽 동그라미에서 숫자 21을 골라 총 합계인 39를 만들 수 있어요.

합계:

30 = ...

51 = ...

52 = ...

16

11

18

14

8   15

20   19

17

10

21

12

ア래 숫자판의 점선을 따라 그려 도미노 조각을 만들어 보세요. 모두 완성한 후에는 남는 공간이 없을 거예요.

숫자를 조합하여 만들어진 도미노는 아래 힌트 오른쪽에 그려진 숫자 조각판에 'X'로 표시해 두세요. 숫자판에 그려져 있는 도미노 조각은 아래와 같이 이미 'X'자로 표시되어 있어요.

힌트

▶ 도미노 조각은 네모 칸 두 개로 이루어져 있어요. 숫자판은 도미노 조각으로 빈 공간 없이 모두 채워지기 때문에 여러분은 이미 그려져 있는 일부 조각들을 보고 문제를 풀 수 있어요.

0	1	2	3	4	5	6	
		X			X		0
			X				1
							2
							3
							4
					X		5
							6

1	4	6	6	2	3	1	5
1	0	2	0	5	0	0	4
3	4	6	3	4	6	1	0
4	0	1	5	1	1	6	2	3
4	5	2	6	2	6	0	3
3	1	0	2	2	1	4	2
3	5	4	5	5	6	3	5

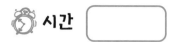 시간

여러분은 이 두 그림 사이에서 10개의 다른 부분을 찾아낼 수 있나요?
문제의 난이도를 높이기 위해서 아래 그림은 거울에 비추어져 있네요! 그림
을 더 자세히 봐야 해요.

다음은 틀린 계산식이에요. 막대 하나를 움직여 식을 올바르게 만들어 보세요.

$$13 + 4 = 16$$

두 개의 막대를 움직여 다음 식을 올바르게 고쳐 보세요.

$$30 - 2 = 17$$

 시간

아주 먼 곳에 있는 나라, '먼나라' 왕국에서는 아래와 같이 7개의 서로 다른 동전을 사용해요.

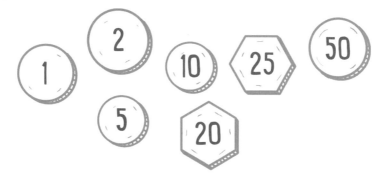

동전을 사용해 다음 질문에 답해 보세요. 필요하다면 동전을 여러 번 사용할 수 있어요.

1) 먼나라 돈 73원을 사용하기 위해 여러분이 고른 동전 중 가장 금액이 적은 것은 몇 원 짜리인가요?

....

2) 여러분이 같은 동전을 2번까지만 사용할 수 있다면, 먼나라 돈 98원을 사용하기 위해 여러분이 고른 동전 중 가장 금액이 큰 것은 몇 원짜리인가요?

....

3) 여러분이 먼나라 돈으로 149원짜리의 물건을 산다면, 200원을 냈을 때 거스름돈으 로 받을 수 있는 동전 중 가장 금액이 적은 것은 몇 원짜리인가요?

....

4) 같은 동전을 두 번까지 사용할 수 있다고 했을 때 20원을 만들 수 있는 방법은 몇 가 지인가요? 예를 들어, 여러분은 10원짜리 동전 2개를 사용할 수 있어요.

....

93

76

가로와 세로에 적힌 것을 계산하고 빈칸에 답을 적어 퍼즐을 완성해 보세요!

가로

1. 176-13
3. 345+421
5. 503+4
6. **사만천**
8. 15+8
9. 6×14
11. 51+76
13. 732-48

세로

1. 1001+23
2. 7×5
3. **칠천칠백구십**
4. 10×60
7. 12×12
8. **이백사십칠**
9. 423×2
10. 66÷6
12. 8×3

1.		2.		3.		4.
		5.				
6.	7.					
					8.	
9.			10.			
				11.	12.	
13.						

시간

다음 열쇠를 보고 아래의 어떤 그림과 일치하는지 알아내 보세요. 정답은 하나뿐이에요. 여러분이 생각하는 정답에 동그라미를 그려 보세요!

1)
2)
3)
4)
5)
6)

95

78

여러분은 흰 네모 칸 안에 1부터 9까지의 숫자를 적어 오른쪽 페이지의 퍼즐을 풀 수 있나요?

🔧 **규칙**

▶ 서로 붙어있는 칸의 가로줄 또는 세로줄의 합이 그 줄에 있는 색칠된 칸에 적힌 숫자가 되어야 해요.

▶ 대각선 위에 적힌 숫자는 그 줄의 오른쪽에 있는 흰색 칸에 있는 숫자의 총합이에요. 대각선 아래에 적힌 숫자는 그 줄의 바로 아래에 있는 흰색 칸에 있는 숫자의 총합을 뜻해요.

▶ 붙어있는 흰 네모 칸 안에는 같은 숫자를 넣을 수 없어요. 예를 들어 '1+3'으로 총 '4'를 만들 수 있지만 '2+2'로는 만들 수 없어요.

예시를 보세요.

↓

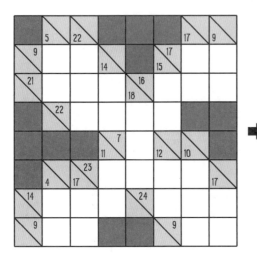

시간

빈칸 안에 색을 칠하여 아래 퍼즐을 풀어 보세요!

규칙

▶ 가로줄과 세로줄 옆에 적혀 있는 숫자는 색을 칠해야 할 칸의 개수를 나타내요.

▶ 숫자가 하나만 적혀 있다면, 가로줄이나 세로줄에 색칠된 칸이 함께 붙어 있고 다른 칸은 비어있을 거예요.

▶ 두 개 이상의 숫자가 적혀 있을 경우, 첫 번째 칸에는 적힌 숫자만큼 색을 칠하고 그 다음 칸부터 간격이 있고 두 번째 칸에 다시 색을 칠할 수 있어요.

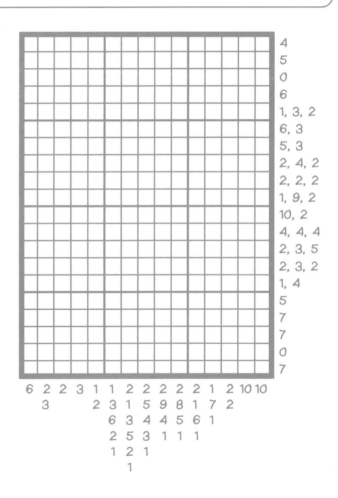

⏰ 시간 [   ]

다음 규칙을 잘 보고 퍼즐을 완성하세요.

규칙

▶ 모든 칸 안에 있는 숫자는 그 아래에 있는 두 수를 더한 값이에요.

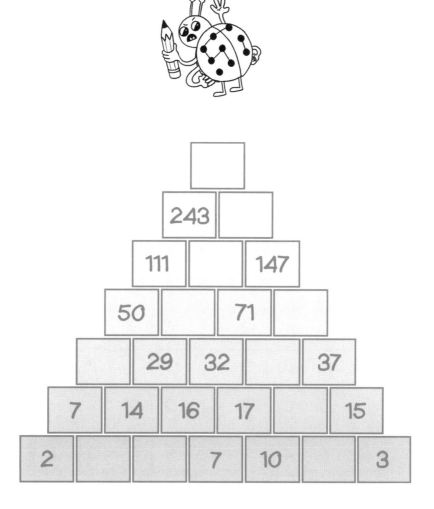

시간

1에서 9까지의 숫자를 가로줄, 세로줄, 굵은 선으로 표시된 3×3 영역에 넣어 아래 스도쿠 퍼즐을 풀어 보세요.

6	2	4	5	8			3	9	7
		1	2	7	6	8		
7	5	8	4	3	9	2	6	1
1	6	7	9	2	3		5	8
	4		6		7		3	
2	9		8	4	5	7	1	6
4	8	6	3	5	2	1	7	9
	9	7	6	8	5		
5	7	2		9	4	6	8	3

 시간

빨리 이 어지러운 미로에서 벗어나세요! 여러분은 마음껏 다리를 건너거나 다리 아래로 갈 수 있어요. 하지만 막다른 골목이 있다는 걸 주의하세요.

입구

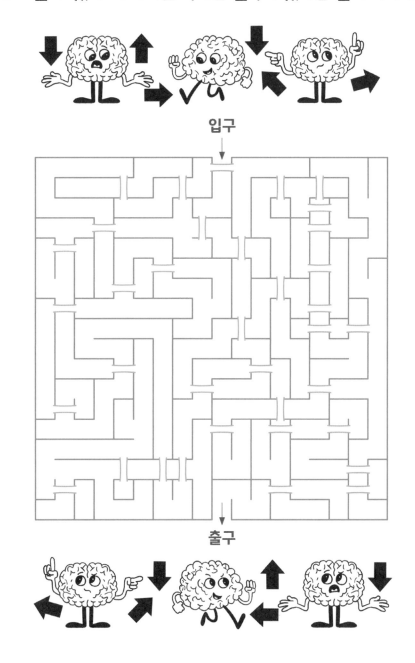

출구

번호가 적힌 동그라미 '섬' 사이에 선으로 다리를 만들어 오른쪽 페이지의
퍼즐을 완성해 보세요.

⊕ **규칙**

- ▶ 여러분은 가로나 세로로만 다리를 이을 수 있고, 섬 안에 적혀 있는 번호와 같은 개수의
  다리를 연결해야 해요.
- ▶ 다리는 다른 다리 또는 다른 섬과 서로 겹칠 수 없어요.
- ▶ 선 하나는 다리 하나를 나타내요. 한 쌍의 섬과 직접 연결되는 다리는 두 개 이상 있을
  수 없어요.
- ▶ 여러분이 그린 다리를 이용해 누군가가 한 섬에서 다른 섬으로 걸어갈 수 있도록 다리
  를 만들어야 해요.

예시를 보세요.
↓

여러분의 두뇌 힘을 써서 빨리 오른쪽 페이지에 있는 퍼즐을 완성해 보세요. 등불은 흰 네모 칸을 왼쪽, 오른쪽, 위, 아래에서 모두 비춰줄 거예요.

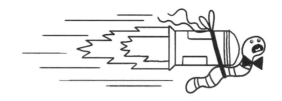

예시를 보세요.
↓

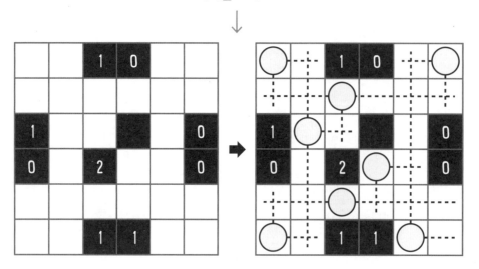

	0		2		
			1	3	
	0	1			
		0			

모든 가로줄, 세로줄, 굵은 선으로 표시된 영역에 1부터 6까지의 숫자를 적어 오른쪽 페이지의 퍼즐을 완성해 보세요.

화살표는 어느 빈칸 안에 있는 숫자가 다른 빈칸 안에 있는 숫자보다 크다는 것을 의미해요. 그리고 항상 두 숫자 중 더 작은 숫자를 가리키고 있어요. 예를 들어, '5〉3', '5〉2', '5〉1'은 '5'가 '3, 2, 1'보다 크기 때문에 올바른 답이지만, '2〉6'은 '2'가 '6'보다 크지 않기 때문에 틀린 답이에요.

예시를 보세요.
↓

5 〉	〈 4 〈	〉
〉	3	〉
	6	〈
∧	〈 5 〈	
〈 5		
	1	5

➡

5 〉 3 〈	4 〈 6	2 〉 1
6	2 〉 1	3	5 〉 4
2	5	6	4	1 〈 3
4	1	3 〈 5 〈 6	2
1	4 〈 5	2	3	6
3	6	2	1	4	5

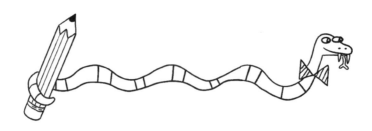

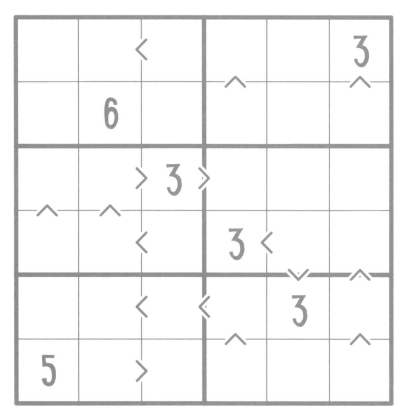

⏰ 시간

같은 그림을 찾아 서로 이어 보세요. 그림이 비슷하게 생겼지만 조금씩은 달라요. 그럼 같은 그림 네 쌍을 찾아 선을 그려 볼까요?

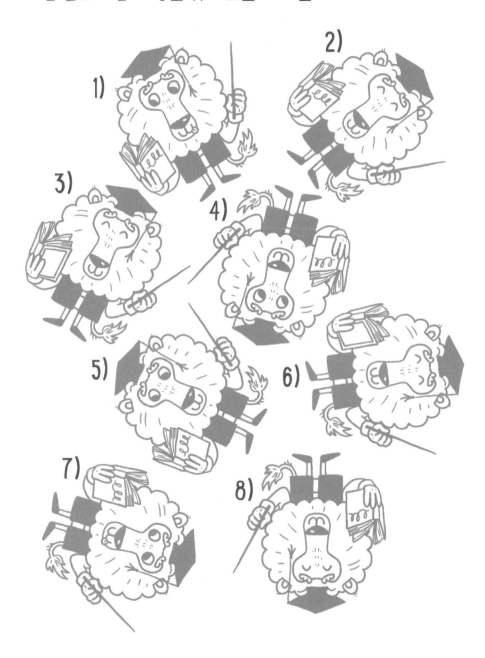

 시간

저녁 식사 시간이에요! 식사를 끝내기 전에 여러분이 해야 할 일이 있어요. 바로 이 접시에 새 개의 선을 그려 네 곳으로 나누는 것이에요. 감자튀김 하나, 치킨 너겟 하나, 완두콩 하나씩이 모두 있도록 네 곳으로 나누어 보세요.

시간

5명의 용의자가 붙잡혔어요. 경찰은 이들에게 사건에 대한 증거를 달라고 말했어요. 다섯 명의 사기꾼들은 다음과 같이 서로 다르게 주장하고 있네요.

사기꾼1: 우리 중 한 명이 거짓말을 하고 있어요.

사기꾼2: 우리 중 두 명이 거짓말을 하고 있어요.

사기꾼3: 우리 중 세 명이 거짓말을 하고 있어요.

사기꾼4: 우리 중 네 명이 거짓말을 하고 있어요.

사기꾼5: 우리 모두 거짓말을 하고 있어요.

머리를 열심히 굴려 사기꾼들이 진실을 말하고 있는지 아닌지 알아내 보세요. 만일 누군가 진실을 말하고 있다면 과연 누구일까요?

정답 : ....

 시간

다음 조각에 선을 그려 남는 부분 없이 같은 모양의 네 조각으로 나누어 보세요. 각 조각들이 같은 방향을 보게끔 회전하였을 때 정확히 같은 모양이 될 수 있도록 상상해 보세요. 어떤 조각도 뒤집을 수는 없어요.

예시를 보세요. ⟶

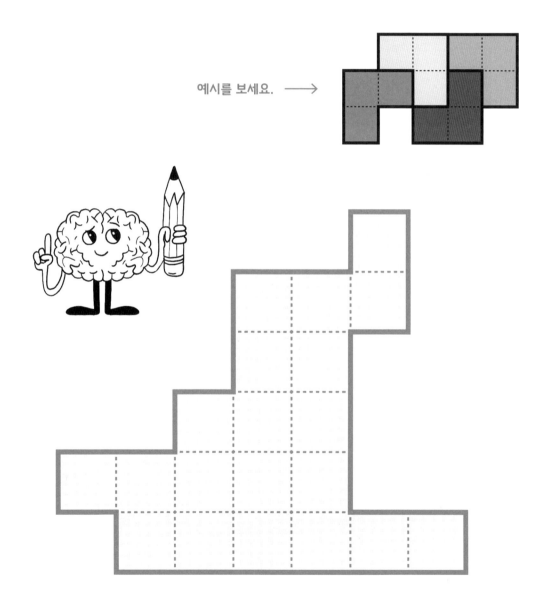

⏱ 시간 [   ]

이 퍼즐은 가로줄과 세로줄에 1부터 5까지의 숫자를 적어 풀 수 있어요. 여러분은 반드시 부등식 '〈'와 '〉'를 따라야 해요. 이 기호는 큰 숫자와 작은 숫자 사이의 관계를 나타내요. 예를 들어 '2, 3, 4'는 항상 '1'보다 크므로 '2〉1', '3〉1', 4〉1'로 표현할 수 있어요. 하지만 1은 2보다 크지 않기 때문에 '1〉2'는 틀린 답이에요.

예시를 보세요. →

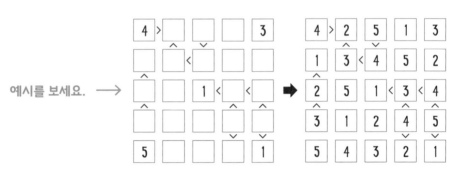

 시간

으스스한 그림자 문제를 풀어 볼까요? 다음 그림과 같은 것을 아래에서 찾아 보세요. 모두 똑같아 보이겠지만 정답은 하나뿐이에요.

⏱ 시간 [　　　　]

여러분은 이 수학 퍼즐을 완성할 수 있나요? 계산식이 맞도록 1부터 9까지의 숫자를 9개의 빈칸 안에 넣어 보세요. 위에서부터 아래로 또는 왼쪽에서부터 오른쪽으로 계산하고, 가로줄이나 세로줄의 처음 부분에서 시작할 수 있어요.

⏰ 시간 [   ]

1부터 36까지의 모든 숫자를 적어 빈칸을 채워 보세요.

예시를 보세요. ⟶

1				25
		22		
	12	13	14	
		10		
7				17

➡

1	2	23	24	25
4	3	22	21	20
5	12	13	14	19
6	11	10	15	18
7	8	9	16	17

7		9	12		14
1		35	36		18
2		34	33		19
26		24	23		21

94

지뢰가 어디에 숨어 있는지 알아내 봐요!

규칙

▶ 빈칸에는 지뢰가 있을 수 있지만 숫자가 적혀 있는 칸에는 지뢰가 없어요.

▶ 숫자는 대각선을 포함하여 서로 붙어 있는 칸에 지뢰가 얼마나 있는지 알려줘요.

예시를 보세요. ⟶

	2	0		0
			1	
3		1		
	3		3	
		1		2

➡

☀	2	0		0
☀			1	
3	☀	1		☀
☀	3		3	☀
☀		1	☀	2

			3		1
	5	3			1
	3			4	
			2		
1		1		3	
	2		1		1

시간

퍼즐 조각을 모두 맞춘다면 무슨 그림이 될까요? 여러분의 상상력을 마음껏
뽐내 다음 퍼즐 조각을 알맞게 맞춰 보세요.

정답 : ....

117

96

오른쪽 페이지에 있는 퍼즐을 풀기 위해서는 1에서 4까지의 숫자를 한 번씩 가로줄과 세로줄에 배치해야 해요. 사각형에서 굵은 선으로 표시되어 있는 부분의 숫자의 합이 왼쪽 위에 작게 적혀 있는 숫자와 같도록 말이에요.

예시를 보세요. ─

숫자 1, 2, 3, 4는 가로줄과 세로줄에 이렇게 한 번씩만 배치할 수 있어요.

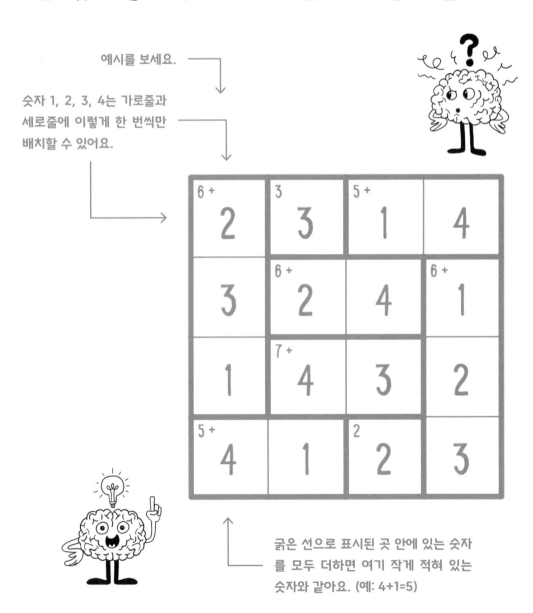

굵은 선으로 표시된 곳 안에 있는 숫자를 모두 더하면 여기 작게 적혀 있는 숫자와 같아요. (예: 4+1=5)

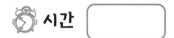

4 +	4	9 +	
	3 +	5 +	
9 +			4 +
		2	

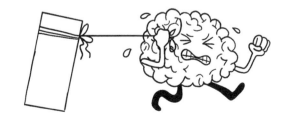

⏰ 시간

이 스도쿠 퍼즐을 풀려면 모든 가로줄, 세로줄, 굵은 선으로 표시된 3×2 부분에 1부터 6까지의 숫자를 배치해야 해요.

빈칸 두 개가 붙어 있는 곳에 'X' 또는 'V'가 표시되어 있으면, 그 두 빈칸의 합은 5 또는 10이 되어야 해요. 두 빈칸 사이에 'X' 또는 'V'가 없다면, 그 두 빈칸의 합은 꼭 10 또는 5가 아니어도 돼요.

예시를 보세요. ⟶

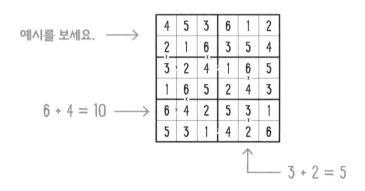

6 + 4 = 10 ⟶

3 + 2 = 5

 시간

알파벳 A, B, C를 세로줄과 가로줄에 배치해 보세요.
네모 칸 바깥에 적혀 있는 글자는 대각선 방향을 포함하여 빈칸 안에 넣어야
할 알파벳 중 가장 가까이에 있는 글자를 보여줘요.
모든 가로줄과 세로줄에는 빈칸 2개가 있고, 알파벳은 중복되지 않게 가로줄
과 세로줄에 한 번씩만 나타날 수 있어요.

예시를 보세요. ⟶

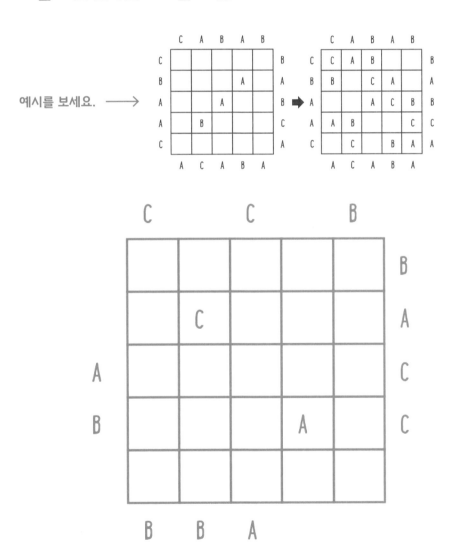

99

아래 빈칸 안에 색을 칠하여 퍼즐을 풀어 보세요!

예시를 보세요.

예를 들어, 색칠된 칸이 1개 있고 하나 이상 빈칸이 있고 다시 색칠된 칸은 2개 더 있어요.

이 열에는 색칠된 칸이 1개만 있어야 해요.

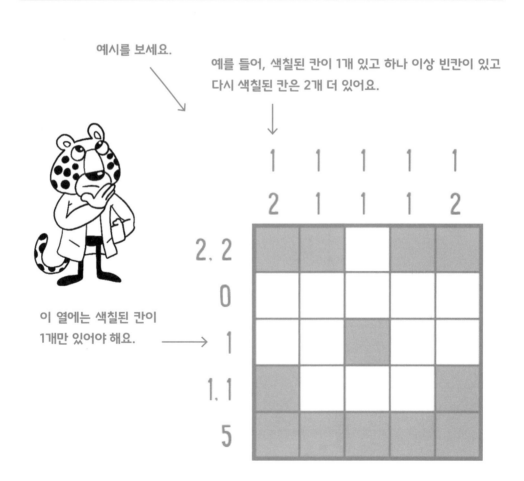

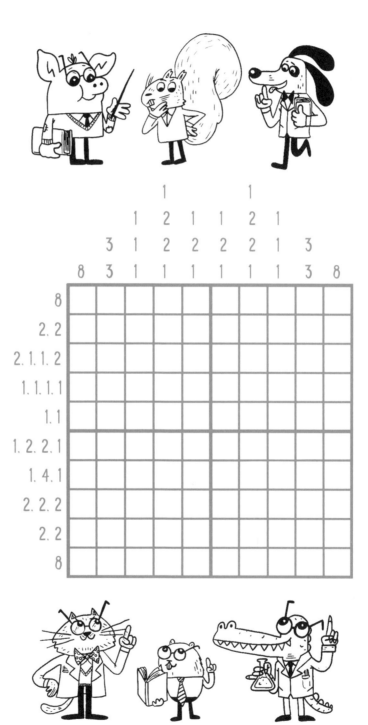

이 스도쿠 퍼즐을 풀기 위해서는 모든 가로줄, 세로줄, 굵은 선으로 표시된 부분에 1부터 5까지의 숫자를 배치해야 해요.

예시를 보세요. ⟶

3	5	1	4	2
2	3	5	1	4
5	4	3	2	1
1	2	4	3	5
4	1	2	5	3

				1
			3	
4		5		3
	4			
2				

 시간

이사벨라, 노아, 올리비아는 모두 다른 시간에 다른 과일을 먹었어요. 아침, 점심, 저녁에 사과, 오렌지, 배를 말이에요. 여러분은 누가 어떤 과일을 언제 먹었는지 알아낼 수 있나요?

규칙

▶ 올리비아는 이사벨라보다 늦은 시간에 과일을 먹었어요.
▶ 이사벨라는 배를 먹지 않았어요.
▶ 노아는 아침으로 과일을 먹지 않았어요.
▶ 아무도 점심에 배를 먹지 않았어요.
▶ 올리비아는 오렌지를 먹었어요.

이사벨라는 .... 에 .... 를 먹었어요.

노아는 .... 에 .... 를 먹었어요.

올리비아는 .... 에 .... 를 먹었어요.

01

1)
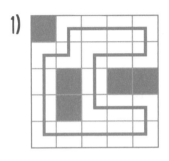

2)
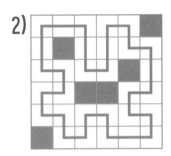

02

입구

출구

03

10	9	8	1
11	12	7	2
16	13	6	3
15	14	5	4

04

4	1	2	3
3	2	1	4
2	4	3	1
1	3	4	2

05

1)

15	5	10	70	53	59

2)

19	21	42	27	36	20

3)

18	27	9	26	13	52

06

0	0	1	1	0	1
0	0	1	0	1	1
1	1	0	1	0	0
0	1	0	0	1	1
1	0	1	1	0	0
1	1	0	0	1	0

07

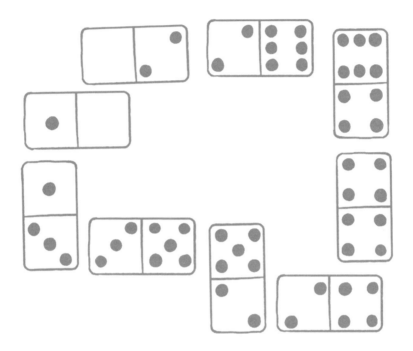

08

정육면체는 총 27개 있어요. 첫 번째 층에 4개(위에서 아래로 세면),

두 번째 층에 8개, 세 번째 층에 15개예요.

09

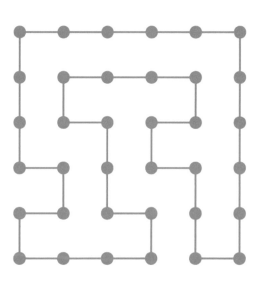

10

ㄱ. 2

ㄴ. 3

ㄷ. 2

11

1) 별 5개   2) 동그라미 7개   3) 세모 3개

12

1) 14=6+8

2) 20=8+12

3) 32=6+7=9=10

4) 38=7+9+10+12

13

직사각형 개수: 23개

14

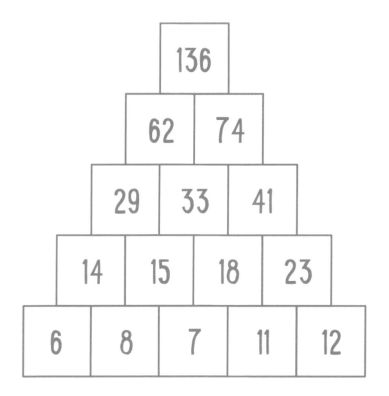

15

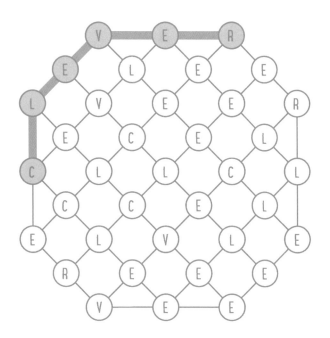

16

퍼즐1: 빵(Bun) 햄버거(Burger) 케첩(Ketchup) 소금(Salt)

소시지(Sausage) 식초(Vinegar)

퍼즐2: 다섯(Five) 넷(Four) 하나(One) 여섯(Six) 셋(Three)

둘(Two)

17

1) ㄱ, ㄴ, ㄹ, ㅁ은 6이 될 수 있어요.

2) ㄱ, ㄷ, ㄹ은 3이 될 수 있어요.

3) 정답은 2+4+3+2+4=15예요.

4) 정답은 6+6+5+6+6=29예요.

18

없어진 물건은 체중계, 전구, 플라스크, 도미노예요.

19

4	5	1	2	3
1	2	3	4	5
3	4	5	1	2
5	1	2	3	4
2	3	4	5	1

20

1)   이 모양은 각 단계에서 시계 방향으로
90도 회전해요.

2)   다각형의 면의 수는 각 단계에서
1개씩 감소해요.

3)   마지막 줄은 사라지고 각 단계에서
시계 반대 방향으로 90도 회전해요.

21

1		2	
○	2	3	○
3	○		1
○	2	1	

22

14=9+2+3

28=5+10+13

32=9+10+13

23

24

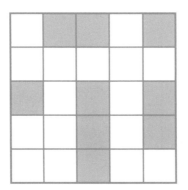

25

4	1	3	2
3 > 2	4	1
2	4	1	3
1	3	2 < 4

26

권투, 야구

27

28

1) 29 (3씩 더해요.)

2) 21 (5를 빼요.)

3) 128 (2를 곱해요.)

4) 46 (10, 9, 8, 7…을 빼요.)

5) 41 (소수가 점점 커져요.)

29

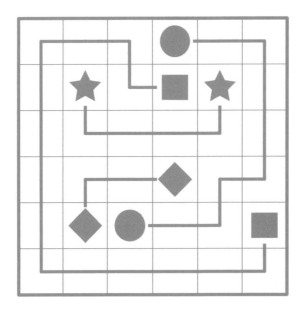

30

 정답

31

같은 그림은 5번이에요.

32

	7	3	6	4	
5	3	2	4	1	5
5	4	1	2	3	5
5	1	4	3	2	5
5	2	3	1	4	5
	3	7	4	6	

33

1) 12에서 2를 지워요. $5 \times 1 + 9 = 14$

2) 10에서 1을 지워요. $0 + 20 + 30 + 40 = 90$

3) 23에서 2를 지워요. $3 + 34 + 45 = 82$

4) 28에서 2를 지워요. $91 + 19 + 8 + 82 = 200$

34

1과 8, 2와 4, 3과 5, 6과 7

35

1	6	5	3	2	9	8	7	4
2	7	4	8	5	1	3	6	9
9	8	3	4	6	7	2	1	5
4	1	6	5	3	2	9	8	7
7	3	2	1	9	8	5	4	6
5	9	8	7	4	6	1	2	3
3	2	9	6	8	4	7	5	1
6	5	7	2	1	3	4	9	8
8	4	1	9	7	5	6	3	2

36

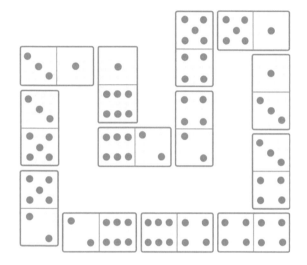

37

1)

2	4	3	1
4	2	1	3
3	1	4	2
1	3	2	4

2)

3	2	4	1
4	1	3	2
2	3	1	4
1	4	2	3

38

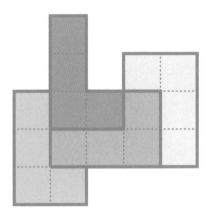

39

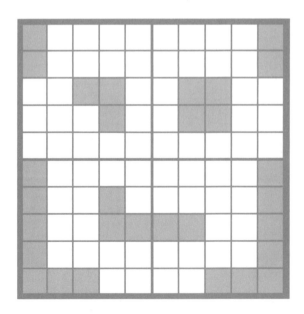

정답

40

41

1. ㄷ

2. ㄱ

3. ㄴ

42

2	1	4	5	6	3
3	5	6	4	2	1
4	3	1	6	5	2
6	2	5	1	3	4
5	4	3	2	1	6
1	6	2	3	4	5

44

정육면체 개수는 33개예요.

첫 번째 층에서 2개(위에서 아래로 셀 때),

두 번째 층에서 7개, 세 번째 층에서 11개, 네 번째 층에서

15개예요.

45

46

	B	A	B		
	B	A		C	C
A	A	C	B		B
C	C		A	B	
		B	C	A	A
	C	B	C	A	

47

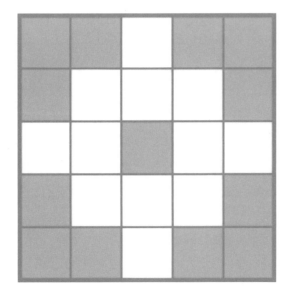

48

1 1	5 + 2	3
5 + 2	3	3 + 1
4 + 3	1	2

49

롤러스케이트

50

아비가일은 7살이에요.

브렌트는 12살이에요.

찰리는 5살이에요.

51

1)

| 21 | 7 | 49 | 44 | 60 | 20 |

2)

| 10 | 5 | 2 | 43 | 26 | 52 |

3)

| 41 | 72 | 60 | 12 | 24 | 2 |

52

5	0	6	1	2	5	4	0
1	2	3	1	1	3	3	5
2	2	6	6	2	3	6	4
4	0	0	4	4	6	5	1
3	6	0	6	0	2	5	5
4	1	3	5	2	4	6	0
2	1	0	4	3	1	3	5

53

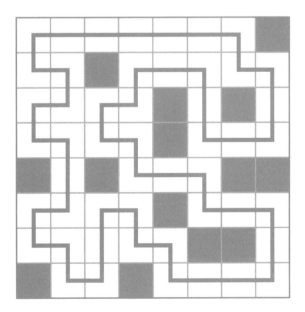

정답

54

1)
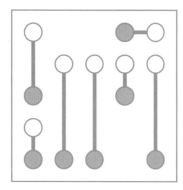

2)
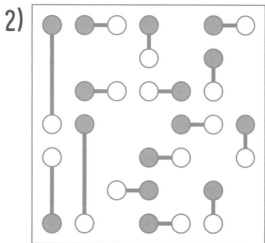

55

1)
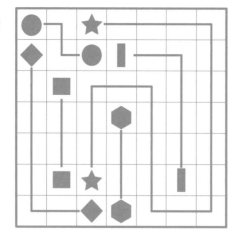

2)
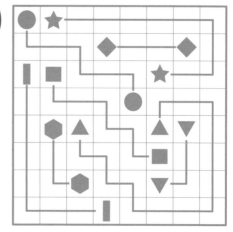

정답

56

입구

출구

57

4	3	1	5	2	6
5	6	2	1	3	4
6	2	3	4	1	5
1	4	5	2	6	3
3	1	4	6	5	2
2	5	6	3	4	1

58

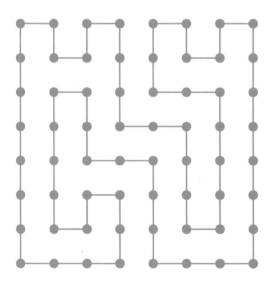

59

0	1	0	0	1	1
0	0	1	1	0	1
1	0	0	1	1	0
0	1	1	0	0	1
1	0	1	1	0	0
1	1	0	0	1	0

60

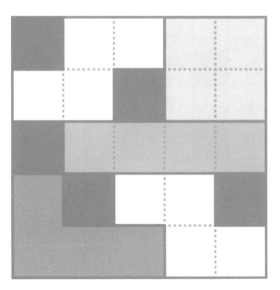

61

1	4	3	6	2	5
2	6	1	5	3	4
5	3	4	2	6	1
6	2	5	1	4	3
4	1	6	3	5	2
3	5	2	4	1	6

62

5	−	2	+	6	=	9
×		+		−		×
3	+	6	−	5	=	4
−		−		+		÷
7	−	5	×	3	=	6
=		=		=		
8	×	3	÷	4	=	6

63

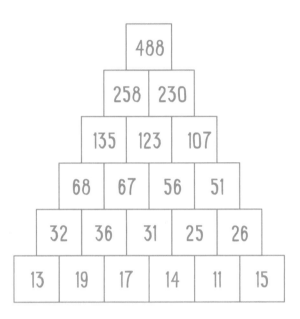

64

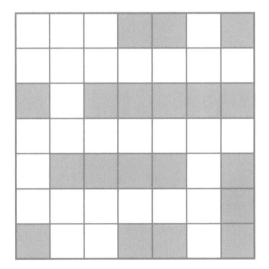

65

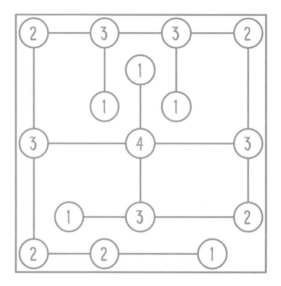

66

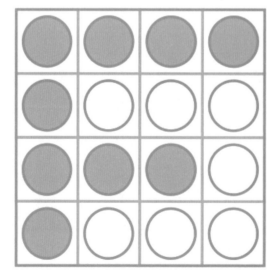

67

3	4	5	1	2
4	3	2	5	1
5	2	1	3	4
2	1	3	4	5
1	5	4	2	3

68

1) 20=9+11

2) 40=9+13+18

3) 60=4+11+13+15+17

4) 68=9+11+13+17+18

69

직사각형은 모두 69개 있어요.

70

6	4	3	5	1	2
2	5	1	3	6	4
4	1	6	2	3	5
5	3	2	1	4	6
3	6	5	4	2	1
1	2	4	6	5	3

71

1) 30=8+10+12

2) 51=20+10+21

3) 52=19+17+16

72

1	4	6	6	2	3	1	5
1	0	2	0	5	0	0	4
3	4	6	3	4	6	1	0
4	0	1	5	1	6	2	3
4	5	2	6	2	6	0	3
3	1	0	2	2	1	4	2
3	5	4	5	5	6	3	5

73

74

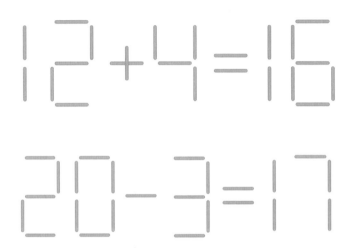

75

1) 동전 4개: 50+20+2+1

2) 동전 9개: 1+2+5+5+10+10+20+20+25

3) 거스름돈 51원. 동전 2개: 50+1

4) 4가지 방법: 20, 10+10, 10+5+5, 10+5+2+2+1

정답

76

1.1	6	2.3		3.7	6	4.6
0		5.5	0	7		0
2				9		0
6.4	7.1	0	0	0		
	4				8.2	3
9.8	4		10.1		4	
4			11.1	12.2	7	
13.6	8	4		4		

77

정답은 4번이에요.

78

		10				19	16
	2	2	26	16	13	4	9
	17	8	2	7	9 / 26	2	7
	30 / 30		7	9	8	6	
	14	6	8	16 / 3	9	7	
	26 / 17	8	9	2	7	9	
17	8	9	11	1	2	8	
16	9	7			1	1	

정답

79

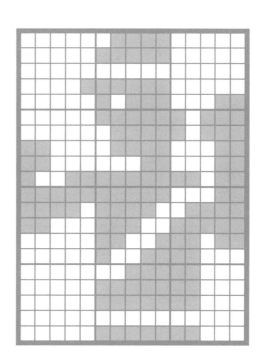

80

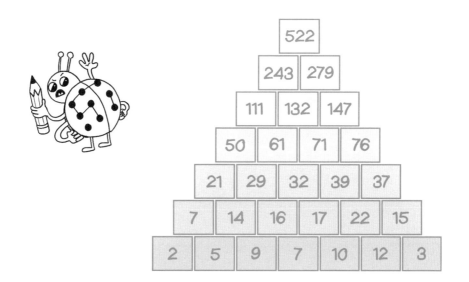

81

6	2	4	5	8	1	3	9	7
9	3	1	2	7	6	8	4	5
7	5	8	4	3	9	2	6	1
1	6	7	9	2	3	4	5	8
8	4	5	6	1	7	9	3	2
2	9	3	8	4	5	7	1	6
4	8	6	3	5	2	1	7	9
3	1	9	7	6	8	5	2	4
5	7	2	1	9	4	6	8	3

82

입구

출구

83

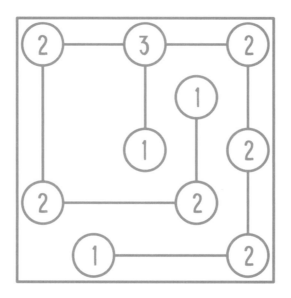

84

85

4	2 < 5	1	6	3
3	6	1	4	2	5
1	4 > 3 > 2	5	6
2	5 < 6	3 < 4	1
6	1 < 4 < 5	3	2
5	3 > 2	6	1	4

86

짝은 1과 7, 2와 8, 3과 6, 4와 5예요.

87

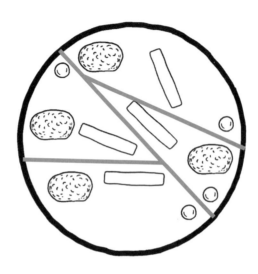

88

만약, 사기꾼1이 진실을 말하고 있다면 나머지 4개의 대답은 모두 진실이 되어야 해요. 하지만 이들의 대답이 모두 다르기 때문에 4개의 대답은 진실이 될 수 없어요. 이처럼 사기꾼2와 사기꾼3 역시 진실을 말하는 거라면 2명 이상의 사기꾼들이 진실을 말하고 있어야 하는데, 이들의 대답도 모두 다르기 때문에 진실이 될 수 없어요.

만약 사기꾼5가 진실을 말하고 있었다면 이들은 모두 거짓말을 하지 않았을 것이고, 자신에게 죄가 없다는 것을 얘기했을 거예요. 그래서 이 경우 역시 진실이 될 수 없어요.

그래서 우리는 이제 사기꾼1, 2, 3, 5가 확실히 거짓말을 하고 있다는 것을 알아요.

하지만 사기꾼4의 말은 거짓일 수가 없어요. 왜냐하면 만약 사기꾼4가 거짓말을 했다면 5명의 사기꾼이 모두 거짓말을 하고 있다는 것인데, 이미 우리는 모두가 거짓말을 하고 있다는 사기꾼5의 말이 진실이 될 수 없다는 걸 알고 있기 때문이에요.

그래서 결론적으로 사기꾼4가 진실을 말하고 있어요.

89

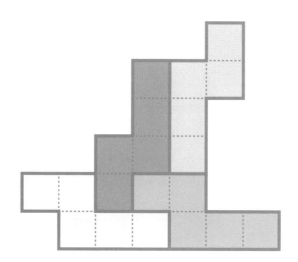

90

91

정답은 3번이에요.

92

3	+	1	+	2	=	6
×		×		+		
8	×	5	+	7	=	47
÷		×		−		
6	+	4	×	9	=	90
=		=		=		
4		20		0		

93

7	8	9	12	13	14
6	5	10	11	16	15
1	4	35	36	17	18
2	3	34	33	32	19
27	28	29	30	31	20
26	25	24	23	22	21

94

☼		☼	3		1
☼	5	3	☼	☼	1
☼	3	☼		4	
			2	☼	☼
1		1		3	☼
☼	2	☼	1		1

95

자전거

96

4 + 1	4 4	9 + 3	2
3	3 + 2	5 + 1	4
9 + 2	1	4	4 + 3
4	3	2 2	1

97

6	2	3	1	4	5
5	4	1	6	2	3
3	6	2	4	5	1
4	1	5	3	6	2
1	5	6	2	3	4
2	3	4	5	1	6

98

	C		C		B	
	C	A			B	B
		C		B	A	A
A	A	B	C			C
B			B	A	C	C
	B		A	C		
	B	B	A			

99

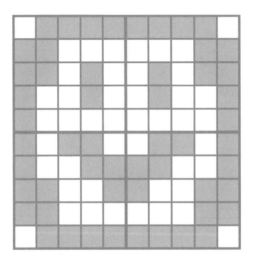

100

3	5	2	4	1
1	2	4	3	5
4	1	5	2	3
5	4	3	1	2
2	3	1	5	4

101

이사벨라는 아침에 사과를 먹었어요.
올리비아는 점심에 오렌지를 먹었어요.
노아는 저녁에 배를 먹었어요.

여러분은 논리적으로 이 문제를 풀 수 있어요. 노아는 아침 식사 시간에 과일을 먹지 않았고, 우리는 올리비아가 이사벨라보다 늦게 식사를 했다는 것을 알고 있어요. 그래서 올리비아도 아침 식사 때 과일을 먹지 않았다는 것을 알 수 있어요. 이건 이사벨라가 아침 식사에서 과일을 먹은 사람임이 틀림없다는 것을 뜻해요.
이사벨라가 배를 먹지 않았다는 것을 알고 있고 올리비아가 오렌지를 먹었다고 말했으니, 이사벨라는 사과를 먹었을 거예요. 그래서 우리는 이사벨라가 아침에 사과를 먹었다는 것을 알 수 있어요.
아무도 점심에 배를 먹지 않았으니, 아침에 먹은 게 아니라는 것을 우리가 알고 있다는 것을 생각해 봤을 때 저녁에 먹은 게 틀림없어요. 이건 오렌지를 먹었을 것이라 생각했던 올리비아가 점심시간에 과일을 먹었다는 것을 의미해요. 이제 남은 사람은 노아뿐이니 노아는 저녁시간에 배를 먹었을 거예요.

끝!

메모와 낙서

메모와 낙서

메모와 낙서

메모와 낙서

메모와 낙서

메모와 낙서

 메모와 낙서

메모와 낙서